일러두기

1. 이 책에 수록된 식물은 국내에서 통상적으로 사용하는 유통명과 학명으로 표기하였다.
   학명을 읽는 방법은 146~147쪽의 일람표를 참고하면 된다.
2. 학명은 식물에 대한 정보로 각각 속명과 종소명을 가르키는 두 단어로 이루어져 있다.
   품종명의 경우 따옴표(' ')로 표시하였다.
3. 국제식물명명규약(ICBN)에 따라 학명은 이탤릭체로 표기하였다.
4. 이 책에 등장하는 외래어는 '외래어 표기법'을 따르고 있으나 시중에서 사용되거나
   오랜 관행으로 독자의 편의에 부합하는 경우에는 이를 허용하였다.

쉽게 키우는 선인장과 다육식물

CACTI

and other succulents

엠마 시블리
감수 · 하순혜

내가 식물을 사랑할 수 있게 해준 할아버지 벤 하워드와
할머니 이셀 하워드에게 이 책을 바칩니다.

CONTENTS

들어가며

선인장 및 다육식물이란?

선인장과 다육식물은 잎과 줄기에 물을 저장할 수 있는 식물로, 매우 건조한 곳에서도 생존할 수 있다. 모든 선인장은 다육식물에 해당한다. 선인장에는 작고 둥근 방석 모양의 혹이 나 있는데, 이를 자좌(刺座)라고 부르며 여기서 가시가 돋아난다. 다육식물에는 이런 부분이 없다.

이 튼튼한 식물들은 오래 전부터 원예 식물로 재배되어 왔지만, 최근 몇 년 사이에 도시 지역의 정원사와 식물 애호가들에게 인기가 점차로 높아지고 있다.

오늘날에는 지난 어떤 시대보다도 원예 전문점, 종묘점, 꽃집 등에서 살 수 있는 식물의 종류가 다양하며, 선인장과 다육식물 역시 폭넓게 판매되고 있다. 다만 우리는 할리우드 영화를 통해 접한 기둥선인장이나 부채선인장에 익숙해져 있지만, 그밖에도 공중걸이형 식물인 생선뼈선인장이나 청산호처럼 둥글거나 독특한 잎모양과 질감을 가진 선인장이 많다.

선인장처럼 많은 관리가 필요하지 않은 식물은 아무리 방치해도 죽지 않는다는 인식이 흔한데, 이건 사실이 아니다. 이 책에서는 비교적 잘 알려진 선인장과 다육식물 뿐만 아니라 덜 유명하고 쉽게 보기 어려운 식물도 골라 소개하려고 한다. 또한 좋은 물주기 방식, 식물을 두기에 적절한 자리, 그리고 식물을 기르며 발생할 수 있는 문제를 해결하는 방법에 대한 정보도 제공할 것이다.

이 책의 사용법

각 식물에 대한 항목에는 해당 식물을 돌보는 데 필요한 핵심 정보가 정리되어 있다. 모든 정보는 항목별로 분류되어 적절한 기호로 표시되어 있으므로 식물이 잘 생장할 수 있도록 가꾸는 데 필요한 모든 정보를 제공할 것이다.

기호 설명표

햇빛	가지치기
물주기	번식하기
기르기	주의점
분심기	특성
개화시기	Tip

각각 식물의 유통명과 학명을 모두 적어두었는데, 식물에 따라 두 이름이 똑같은 경우도 있다. 식물명은 식물 간 관계에 대한 정보를 제공하며, (식물학적으로) 분류체계적이다. 모든 식물은 특정 과(科, family)에 속해 있으며 과는 다시 속(屬, genus)으로 나뉜다. 각 식물의 학명은 각각 속명과 종소명으로 이루어진다. 속명은 한데 분류된 식물 집합을 포괄하는 이름이고, 종소명은 특정 식물에 대한 정보를 담고 있는 이름이다.

식물 구매하기

나만의 컬렉션 시작하기

일단 첫 번째 가시붙은 식물을 구입하고 나면, 선인장 및 다육식물 컬렉션은 이미 시작되었다고 생각한다. 다육식물을 기르는 것은 중독성이 있을만큼 매력적이기 때문이다.

선인장과 다육식물은 거의 모든 곳에서 구입할 수 있다. 동네 꽃집, 온라인 재배상, 원예 전문점 등 모두 다육식물을 고르기에 안성맞춤인 장소다.

컬렉션에 특별히 원하는 게 있다면 주저하지 말고 전문가에게 물어보자. 지역의 종묘점에서 판매되는 다육식물과 선인장은 대개 작은 화분에 한두 그루씩 따로 심겨 있으므로, 한번에 몇 개씩 사다 기르며 컬렉션을 늘려 나가는 것도 그 자체로 즐겁다.

창문턱에 선인장이나 다육식물이 딱 하나만 놓여 있는 모습을 얼마나 자주 보는가? 거의 언제나 한두 그루의 화분 친구들을 곁에 두기 마련이다.

Tip

식물을 고를 때는 식물의 상태부터 확인해야 한다. 흉은 없는지, 죽은 잎이 있는지, 뿌리에 썩은 곳은 없는지, 상한 곳이나 변색된 곳은 없는지 살펴보자. 무엇보다 중요한 것은 식물에 벌레나 질병이 없는지 확인하는 것이다. 가엾은 마음에 건강하지 못한 식물을 구매하는 함정에 빠지지는 말자. 결과적으로 식물을 살리려 노력하는 과정에서 더 많은 일을 해야 한다.

분심기

필수 도구 구비하기

클레이 혹은 콘크리트 화분

이런 재질의 화분은 다공성이라 잔여 수분이 배수되기 때문에 선인장과 다육식물을 생육하는 데 이상적이다. 대개 플라스틱 화분에 담겨 판매되는데, 이런 화분은 클레이 재질에 비하면 덜 매력적이긴 하지만 수분을 유지하는 데 도움이 되긴 한다.

물주기

물주기와 영양분 공급 작업을 즐겁게 만들어주는 물뿌리개를 하나쯤 장만하는 것도 좋다. 물뿌리개보다 분무기로 물을 주는 것을 좋아하는 식물도 있다.

거름과 자갈

대부분의 원예가들은 이상적인 퇴비 혼합토를 만드는 자신만의 레시피를 갖고 있다. 하지만 집 근처의 종묘점에서 파는 선인장 및 다육식물용 혼합 퇴비를 사다 쓰는 것도 전혀 문제 없다. 이런 혼합토는 모래와 자갈이 들어가 뿌리 배수를 용이하게 한다. 침수와 뿌리썩음을 방지하기 위해 반드시 물에 젖었을 때도 너무 단단하게 뭉치지 않고 공기가 통하는 퇴비를 사용하자. 배수를 돕기 위해 화분 바닥에는 자갈 또는 작은 돌멩이를 까는 것이 좋다.

기타 용구

모종삽 혹은 흙손은 흙을 섞고 분갈이를 하는 데 유용하며 시중에 여러 크기로 나와 있다. 원예 장갑은 튼튼한 것으로 장만하자. 그렇지 않다면 분갈이를 할 때 가시에 찔려 아플 수 있다! 자그마한 선인장용 집게나 족집게를 사두면 가지치기와 번식 작업에 유용하게 쓸 수 있다.

번식하기

번식이란 식물의 종자 혹은 잘라낸 기관이나 조직을 이용하여 새로운 식물을 만들어내는 방법을 말한다.

일단 선인장이나 다육식물을 하나 갖고 있으면 그것을 모본으로 자신만의 컬렉션을 만들 수 있다. 식물을 번식하는 방법에는 여러 가지가 있는데, 꺾꽂이(삽목) 혹은 종자 번식을 가장 많이 활용한다.

꺾꽂이(삽목)

많은 선인장과 다육식물은 생장 초 몇 년간 어린묘(모본의 작은 개체)를 생산한다. 어린묘를 모본에서 분리하고 뿌리를 내리게 하여 다른 화분에 옮겨 심을 수 있다. 하우스릭이나 옥주염과 같은 다육질 잎은 식물의 나머지 부분을 손상시키지 않고 간단히 제거할 수 있다. 이렇게 떼어낸 잎을 건조시켜서 거친 흙에 올려 두면 머지않아 잘라낸 단면이 말라 굳은살처럼 딱딱해지는 것을 볼 수 있다. 그리고 얼마 지나지 않아 뿌리가 나기 시작할 것이다. 뿌리 내리기를 할 때는 어린묘가 쪼그라들지 않도록 약간 그늘진 곳에 둔다. 모본에서 채취한 잎의 아랫부분에서 작은 묘목이 싹을 틔우기 시작하면 심을 때가 되었다는 뜻이다. 본래의 잎은 드디어 새로운 식물이 생장할 공간을 남기고 시들게 될 것이다.

종자 번식

원예 용품점(종묘점)이나 인터넷에서 선인장 및 다육식물의 씨앗을 구할 수 있다. 종자에서부터 식물을 키우는 것은 아마도 가장 보람찬 방법 중 하나일 것이다. 꺾꽂이에 비해 시간이 오래 걸릴 수는 있지만, 자신의 식물이 생장하는 모든 단계를 관찰할 수 있으니 말이다. 먼저 촉촉하고 멸균된 화분용 영양토를 작은 화분 몇 개에 나눠 담는다. 식물이 자라날 공간을 확보하거 위해 약간 거리를 두면서 화분에 씨앗을 심는다. 씨앗에 약간의 퇴비를 뿌리되, 새싹이 흙을 뚫고 나올 수 있도록 흙을 눌러 압축하지는 않도록 한다. 발아를 촉진하기 위해 따뜻하고 습한 장소에 화분을 둔다. 약간 그늘진 곳에서 퇴비를 촉촉하게 유지해야 한다. 씨앗이 발아하기 시작하고 자그마한 식물이 나타나면 좀더 입자가 거칠고 배수가 좋은 흙으로 옮겨 식물이 성숙할 수 있게 한다.

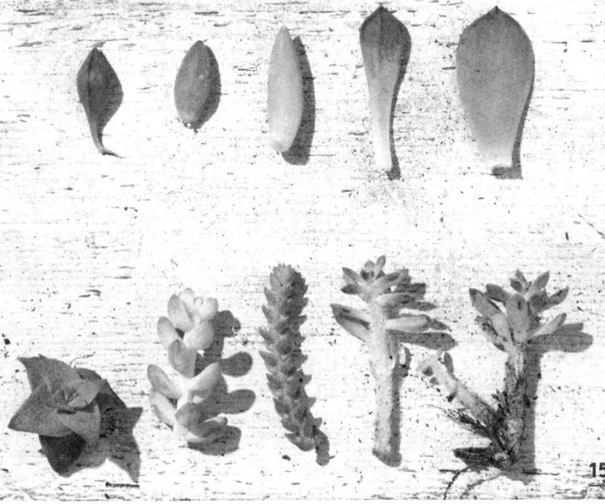

문제 해결하기

식물을 키우면서 흔히 발생하는 문제와 그 해결책

과잉급수: 물이 너무 많을 경우

선인장이나 다육식물을 기를 때 가장 까다로운 점은 아마도 얼마나 자주 물을 줄까 하는 문제일 것이다. 지나친 물주기로 식물을 가장 손쉽게 손상시킬 수 있으며 치명적인 피해를 줄 수도 있다. 사막 식물인 선인장과 다육식물은 건조한 환경에서 잘 자란다. 그들의 구근 모양 잎이나 줄기는 가뭄에서 생존하기 위해 필요한 물을 저장하기에 적합하도록 적응한 결과다. 집에서 이러한 식물을 키울 때는 자연스러운 생장 환경과 비슷한 조건을 만들어 줘야 한다.

식물이 생장하는 더운 여름철에는 일주일에 한 번 물을 준다. 생장이 둔화되는 겨울철에는 물을 줄인다. 뿌리썩음을 방지하기 위해 겨울철에는 완전히 건조한 상태로 두어야 하는 식물도 있다. 그러나 선인장 및 다육식물 중에는 식물의 통상적인 생장주기와 다른 종류도 있다. 이런 식물은 여름철에는 아주 조금만 물을 주고 생장하는 겨울에는 물을 더 주어야 한다.

물을 너무 많이 주고 있다는 징후는 식물이 시들시들해지거나 뿌리 및 줄기가 물렁해지며 건강한 잎이 떨어지는 증상 등이다. 이런 일이 발생했을 때 분갈이로 식물을 잘릴 수 있는 경우도 있다. 식물을 부드럽게 들어올려 화분에서 빼내고 뿌리를 상처입히지 않는 선에서 최대한 흙을 털어낸다. 썩거나 손상된 뿌리는 잘라낸 후 그 다음 깨끗한 화분에 퇴비를 채우고 (화분 끝까지 가득 채우지는 말고) 중앙에 식물을 놓고 뿌리를 잘 펼쳐 식물이 잘 고정될 때까지 흙으로 덮어준다.

화상: 햇빛이 너무 강할 경우

화상은 선인장이나 다육식물에게도 큰 문제가 될 수 있다. 직사광선이 비치는 창가에 두는 것은 해로울 수 있다. 화상은 식물의 잎이나 몸체에 갈색 자국이 나는 식으로 나타난다. 식물이 화상을 입은 것 같다면 추가 손상을 방지하기 위해 직사광선이 비치지 않는 곳이나 약간 그늘진 곳으로 옮겨준다.

충해: 충해가 생길 경우

해충 역시 선인장이나 다육식물을 위협할 수 있다. 특히 다육식물이 자라는 과정에 발생하는 끈끈한 목화 솜뭉치처럼 생긴 깍지벌레가 위험하다. 식물과 식물 주변에 해충이 증식하는 것을 막는 방법 중 하나는 화분에 쌓인 시든 잎 등 죽어 떨어진 것들을 바로바로 치우는 것이다. 이런 환경은 깍지벌레나 응애가 살기 최적의 환경이기 때문이다.

생장 멈춤: 생장이 멈출 경우

한동안 식물을 길렀는데 식물이 생장하지 않았다면, 여기에는 몇 가지 원인이 있을 수 있다. 여름철에 물을 충분히 주지 않았거나 겨울에 지나치게 많이 주는 등 물주기의 문제일 수 있다. 또 다른 원인으로는 오랫동안 분갈이를 해주지 않았을 때 발생할 수 있는 발육 장애가 있다. 식물이 자란 정도에 따라 크기에 맞는 화분으로 갈아 줘야 한다. 분갈이를 해 주지 않으면 뿌리가 뻗을 공간이 좁아 화분에 가득 찰 수 있다.

잎갈이: 잎이 떨어질 경우

식물의 잎이 지나치게 많이 떨어지면 온도가 너무 높거나 물을 너무 적게 주고 있는 게 아닌지 의심해 볼 수 있다. 다만 알아둬야 할 것은 어느 정도의 잎갈이는 식물이 자연 번식을 하면서 자연스럽게 발생한다는 것이다. 만약 염려된다면 식물의 위치를 옮겨 보는 것도 방법이다.

선인장과 다육식물

거취옥은 멕시코의 사막 지역에서 자생하는 대형 '술통 선인장(Barrel Cactus)'의 한 종류로, 여러 개의 구부러진 가시를 가지고 있으며 가시 중 하나는 거의 항상 납작하다. 대개 혼자 자라며, 무리지어 자라는 일은 드물다.

거취옥

Ferocactus horridus

물주기

두 달 동안 이어지는 장마와 뒤따르는 햇빛이 쨍쨍한 가뭄에 익숙하다. 성장하는 여름철에는 배수가 잘 되는 토양에서 물을 듬뿍 주어 가꾸며, 직사광선에 노출된 상태에서 식물체에 물이 닿게 되면 화상을 입거나 때로는 자국까지 남을 수 있으므로 선인장에 물이 닿지 않게 조심해야 한다. 겨울철에는 물을 주지 않고 건조하게 유지한다.

개화시기

항상 가운데가 붉은색인 노란 꽃이 늦여름에서 초가을 사이에 핀다.

번식하기

종자 번식으로만 번식을 한다. 과거에는 이 씨앗을 빻아 밀가루를 만들기도 했다.

Tip

?

공격적인 형태를 가진 이 선인장은 야외에 두면 벌이나 나비가 잘 모여드는 크림색 혹은 보라색 꽃을 피운다. 또한 식용 과일을 생산하는 것으로 알려져 있다.

남부 멕시코에서 자생하는 옥주염은 다육질의 청색 잎과 여름철이면 피는 분홍빛 꽃을 가진 횡와성 (옆으로 처져 자라는) 다육식물로 가정에서 즐겨 키운다.

옥주염

Sedum morganianum

햇빛

실내에서든 야외에서든 햇빛을 듬뿍 쬘 때 가장 잘 자란다. 밝은 빛을 많이 쬘수록 잎은 튼튼해지고 그 빛깔도 선명해질 것이다. 실내에서 가꾸면 창백한 빛을 띤다. 그러나 운좋게 자생지인 멕시코에서 보게 된다면 원래 잎색이 얼마나 강렬한 지 볼 수 있을 것이다.

물주기

이 식물은 침수 피해를 입기 쉽다. 따라서 겨울철에는 특히 조심해야 하며 몇 주에 한 번만 물을 주도록 하자. 봄에서 가을까지는 배수가 원활하여 잘 마르는 토양만 제공된다면 적당히 물을 주어도 잘 자란다.

번식하기

가장 번식시키기 쉬운 다육식물 중 하나로, 생장 과정을 지켜보기에 가장 즐거운 식물이기도 하다. 부드러운 손길로 잎 몇 개를 떼어내 끝부분이 굳은살처럼 딱딱해져 심을 수 있는 상태가 될 때까지 흙에 올려둔다.

주의점

잎은 매우 연약하고 살짝만 건드려도 쉽게 떨어져 나가기 때문에 무척 조심해야 한다.

미니 알로에같은 모습의 십이지권은 매력적인 얼룩무늬와 방치해도 견디는 튼튼함 덕에 인기가 많아졌다. 원산지는 남아프리카공화국으로, 자라는 토양의 성질에 따라 따로 자라거나 무더기로 자란다.

십이지권

Haworthia attenuata

물주기

물이 부족해도 잘 견디는 식물이지만 여름철에는 2주에 한 번은 물을 주어야 한다. 다만 과잉급수에 무척 약하고 뿌리썩음에 걸리기 쉬우므로 조심하자.

분심기

밝은 색상이나 줄무늬의 화분이나 통에 심으면 아주 멋스럽다. 화분토 윗부분에 서로 다른 모래를 혼합하여 장식하는 식으로 특유의 패턴을 살리는 것도 가능하다.

개화시기

해마다 꽃이 피며, 대개 하지(夏至) 직후에 꽃이 핀다. 하워르티아속 식물은 연중 휴면하는 성질이 있으며, 꽃이 멋지거나 대단하게 보이지는 않지만, 만일 십이지권에 꽃이 핀다면 그건 아주 잘 자라고 있다는 신호다.

번식하기

알로에와 같은 방식으로 번식할 수 있다. 잎 한 장을 살짝 잘라내고 잎이 말라 상처가 자연스럽게 아물도록 내버려둔다. 다른 방법으로는 식물에서 자라나는 어린묘를 떼어내어 다시 심을 수 있다.

어쩌면 가장 독특한 외양을 가진 다육식물 중 하나일 수도 있다. '부처의 사원(Buddha's temple)'이라는 이름을 가진 부다템플 크라슐라의 잎은 독특한 방식으로 자란다. 은빛을 띤 녹색 잎은 네 겹이 한 세트가 되어 매우 빽빽하게 돋아나 가장자리에서 접히면서 사면의 길이가 거의 완벽하게 같은 네모 기둥을 형성한다. 잎 표면에 흰 가루 같은 잔여물이 묻어나는 걸 볼 수도 있는데, 이것은 수분을 보존하고 강한 햇빛으로부터 식물을 보호하기 위해 생겨난다.

부다템플 크라슐라

Crassula 'Buddha's Temple'

햇빛

햇빛을 충분히 쬐어 주는 것은 잎을 촘촘하게 유지하고 색이 강렬한 꽃을 얻는 데 도움이 된다. 다만 여름에는 빛이 지나치게 강할 수 있으므로 직사광선을 피하도록 한다.

개화시기

서식 환경이 맞으면 꽃은 일년 내내 언제든지 나타날 수 있다. 밝은 빨강 및 주황색의 꽃봉오리가 끝에서 뻗어 나오는 것을 볼 수 있다.

가지치기

잘 키우면 높이 15센티미터 정도까지 자랄 수 있다. 이 시점에서 여분의 줄기가 기둥의 측면에서 분지(分枝)하기 시작하는 것을 볼 수 있을 것이다. 몇 년 기르다 보면 이런 식으로 뻗어나온 가지가 제멋대로 지저분하게 자라난 것처럼 보이기 시작할 수 있다. 따라서 새로운 줄기의 생장을 촉진하기 위해 뿌리 근처까지 잘라 주는 게 좋다.

벌집선인장은 원산지인 멕시코의 사막성 초원이나 캐나다의 높은 산속 침엽수 숲에서 자라곤 한다. 이 선인장은 대체로 단생하지만 때때로 자그마한 식물체가 모여서 화단처럼 군생하기도 하는데, 각 개체는 공격적으로 보이는 별모양 가시로 덮여 있다.

벌집선인장

Escobaria vivipara

햇빛

낮시간 동안 햇빛을 가득 쬐게 해 주거나 약간 그늘진 곳에 둠으로써 생장을 촉진하고 꽃이 필 가능성을 높일 수 있다. 벌집 선인장은 봄부터 늦여름까지 피는 선명한 자홍색 꽃으로도 유명하다.

물주기

여름철 강우량이 꽤 있는 지역에서 유래한 식물이므로 더운 계절 4월에서 9월 초까지는 일주일에 한 번 정도 적당히 물을 주는 게 좋다. 뿌리썩음을 막기 위해 물주기 사이에는 퇴비가 완전히 마를 수 있도록 한다. 서늘한 겨울철에는 2~3주에 한번 정도로 물주기 빈도를 줄이는 것이 좋다.

번식하기

번식은 꺾꽂이를 통해 할 수 있다. 선인장의 끝 부분을 떼어내 마를 때까지 딱딱하게 굳도록 두었다가 입자가 거친 모래 퇴비로 옮겨 심어 뿌리가 내릴 수 있도록 한다.

겹겹이 쌓여 자라는 특성을 가진 크라슐라속 남십자성은 남아프리카공화국 자생지로 빨리 자라는 식물이다. 남십자성의 잎은 층층이 쌓여 자라는데, 줄기는 잎 정중앙을 따라 실에 구슬을 꿰듯 뻗는다. 겉으로는 별개의 줄기에서 자라는 것처럼 보이지만, 관목처럼 여러 방향으로 분지하여 자란다.

남십자성

Crassula perforate 'Variegate'

햇빛

약간의 그늘진 곳이나 양지에서 자란다. 화상을 입을 수 있으므로 직사광선은 피하자. 다만 밝은 빛을 간접적으로 비춰 주면 잎 끝의 탐스러운 붉은 색조가 더욱 살아난다.

기르기

빠르게 성장하는 이 다육식물은 최대 46센티미터 높이로 자라며 잎은 2.5센티미터까지 길어질 수 있다. 기르기 쉬운 식물이지만 깍지벌레나 곰팡이병에 매우 취약하기도 하다. 깍지벌레가 많이 생겼다면 간단히 만들 수 있는 비누 스프레이로 퇴치해 보자. 1리터의 물에 주방세제를 1/4 티스푼 섞은 다음 벌레 먹은 부분에 부드럽게 용액을 분사해 준다. 먼저 작은 부위에 시험하여 식물이 용액에 이상 반응을 일으키지 않는지 살펴본다.

분심기

포복하여 자라는 특성 탓에 한두 해에 한 번은 분갈이를 해 주는 것이 좋다. 퇴비가 완전히 건조한지 먼저 확인하고, 배수가 잘 되고 알갱이가 거친 토양에 옮겨 심는다.

대운각은 3미터까지도 자라는 키가 큰 기둥형 식물체로 그 직경은 보통의 심긴 화분보다 길지 않다.

대운각

Euphorbia acrurensis

햇빛

자생지가 남아프리카공화국으로 건조한 사막 환경에서 강한 햇빛을 듬뿍 받으며 자란다. 가정에서 가꾼다면 이러한 환경과 최대한 유사한 환경을 만들어 주어야 한다. 창가에 두고 기르는 것도 좋은 방법이지만 직사광선에 의한 화상을 입지 않게 주의하자.

물주기

이 커다란 식물은 여름철이면 일주일에 한 번은 흙이 완전히 젖도록 물을 주어 길러야한다. 대부분의 선인장이나 다육식물처럼 물주기 사이사이에는 흙이 완전히 건조되도록 하고, 또 배수된 물이 화분 바닥에 고이지 않도록 하자.

주의

유포르비아속은 대개 라텍스(latex)라고 불리는 유백색의 즙을 생성하는데, 이 유액은 피부에 닿으면 자극성 반응을 일으킬 수 있다. 또한 이 식물은 개와 고양이에게 유독하다.

특성

줄기 끝 주변에 작고 섬세한 잎을 틔운다. 이 잎들은 실처럼 가느다란 조직으로 연결된 것처럼 보이며 조금만 건드려도 떨어져 나오지만, 해마다 잎이 떨어지고 새 잎이 돋아나는 것은 지극히 정상이다.

원산지인 남아프리카공화국에서는 땅 위를 기면서 자라는 포복성 식물이지만, 가정에서 큼직한 화분이나 행잉 바스켓에 키우기에도 손색이 없다. 어쩌면 다육식물 중 가장 파란색에 가까운데 이 식물의 진가는 잎색이라고 할 수 있다.

세네시오 만드랄리스체

Senecio mandraliscae

햇빛

사막 지대의 그늘진 곳에서 드문드문 자라는데 부분 채광에 익숙하므로 햇빛이 직접 닿지 않는 실내에서도 잘 자란다.

물주기

가뭄을 매우 잘 견디는 만드랄리스체는 물 없이도 몇 주일은 살 수 있지만 배수가 잘 되는 토양에 심어 일주일에 한 번 물을 주어 가꾸면 그 진가를 빠르게 드러낸다. 습기가 많은 환경에서는 썩을 수 있으므로 통풍이 잘 되는 곳에 배치하자.

분심기

줄기가 작은 다발로 자라며 실외뿐만 아니라 실내에서도 잘 자란다. 만약 실외에서 기르기로 결정했다면 서리가 들기 전에 집 안으로 들일 수 있도록 이동 가능한 화분에 심도록 하자.

가지치기

만드랄리스체는 키 46센티미터, 너비가 61센티미터까지 자랄 수 있다. 줄기가 힘없이 뒤집어지는 경향이 있는데, 이렇게 된다면 꼿꼿이 설 수 있는 정도의 길이로 줄기를 다듬어 준다. 그런 다음 잘라낸 줄기를 촉촉하게 젖은 모래 토양에 꺾꽂이하여 다시 심을 수 있다.

사막 식물보다는 해양 생물을 닮은 에케베리아속 식물인 화무립은 잎 가장자리가 연분홍색 프릴 장식 같은 바닷빛 녹색 잎으로 유명하다. 다른 많은 에케베리아속 식물과 달리 화무립의 로제트는 매우 느슨한 편이다. 몹시 느리게 자라는 식물이지만 수년 동안 생장하고 나면 최대 직경 25센티미터, 높이 30센티미터까지 자랄 수 있다.

화무립

Echeveria 'Curly Locks'

햇빛

햇빛을 좋아해 자연광이 듬뿍 비추는 창턱에서도 잘 자라지만, 때때로 그늘에 옮겨두는 것도 좋다.

물주기

여름철에는 일주일에 한 번 물을 잘 주는데 잎에 물이 직접 닿으면 변색을 일으키거나 심하면 잎을 죽일 수도 있으므로 조심해야 한다. 겨울철에는 물주기 빈도를 훨씬 줄인다. 몇 주에 한 번 정도, 잎이 시드는 것을 방지할 정도로만 물을 주면 충분하다.

개화시기

꽃이 피는 시기는 4월에서 9월 말이며 밝은 다홍색 꽃이 옹기종기 붙어서 핀다.

번식하기

이 식물에서 어린묘를 채취하는 것은 시간이 무척 오래 걸리기 때문에, 잎을 잘라 꺾꽂이하는 것이 훨씬 빠르다. 끝부분이 완전히 건조될 때까지 잘라낸 잎을 마른 흙에 올려 두고, 그 다음에는 배수가 잘 되고 입자가 거친 퇴비에 심는다.

멕시코의 절벽에서 발견되는 등심환은 매력적인 원주형의 선인장이다. 빽빽하게 난 황백색 가시와 여름철 내내 피는 자홍색 꽃을 자랑한다. 군생하며 생장 속도도 빠른 이 식물이 충분히 성장할 수 있게 하기 위해서는 몇 년마다 분갈이를 해 주는 것이 좋다.

등심환

Mammillaria backebergiana

햇빛

직사광선도 잘 견디는 편이다. 매일 4~5시간의 빛에 노출 시키면 개화시기를 앞당길 수 있고 가시도 빳빳하게 건강해진다. 볕이 뜨거운 여름철에는 몇 시간 동안 그늘에 두는 것도 좋은 선택이다.

물주기

최소한의 물주기로도 충분하지만 여름에는 매주 적당히 물을 줘야하고 물주기 사이사이에 퇴비가 완전히 건조되는지 확인하자. 겨울철 2~3주에 한 번 정도로 물주기를 조정한다.

개화시기

조건이 갖춰진다면 여름철동안 여러 번 꽃을 피울 것이다. 핑크색 꽃은 수관(樹冠)을 고리처럼 둘러싸고 핀다.

주의점

식물체가 썩거나 변색될 위험이 있으므로 가시 사이에 물이 고이지 않도록 주의하자.

알로에 베라는 남아프리카공화국과 마다가스카르의 건조하고 바위가 많은 지역이 원산이며 가정에서 가장 흔히 키우는 알로에 종류에 속한다.

알로에 베라

Aloe Vera

햇빛

덤불 아래에서 혹독하고 건조한 환경에 잘 견디는 자연 채광이 별로 필요하지 않으며 비교적 손이 많이 가지 않는 튼튼한 식물이다. 다만 건조한 남향 방에 두는 것이 가장 좋기는 하다.

물주기

잎에 물이 직접 닿으면 썩을 위험이 있고 겨울철 휴면기에 물을 주면 뿌리썩음이 발생할 수 있으므로 주의가 필요하다. 한번 물을 주면 토양이 완전히 마른 것을 확인하고 나서 다음 물주기를 한다.

분심기

미세한 구멍으로 퇴비의 잉여 수분을 흡수할 수 있는 테라코타 재질 화분을 사용하는 것을 권장한다.

주의점

이 식물은 애완동물에게 약한 독성이 있으므로 직접 섭취할 경우 구토를 유발하는 것으로 알려져 있어 호기심 많은 고양이나 개를 기르고 있다면, 주의가 필요하다.

Tip

알로에 베라의 맑은 수액은 경미한 화상과 피부 자극을 치료하기 위해 수세기 동안 사용되어 왔다. 따라서 알로에 베라는 화상에 대비하여 주방 창틀에 두기 아주 좋은 식물이다.

다른 식물에 착생하여 자라는 매우 화려한 이 정글 선인장은 볼리비아를 비롯한 남미 여러 지역에서 나무에 매달려 자라는 것을 볼 수 있다. 가정에서는 행잉 바스켓에 심어 늘어뜨리거나 덩굴이 자랄 수 있는 충분한 공간이 있는 선반 등에서 기를 수 있다.

레피스미움 볼리비아눔

Lepismium bolivianum

햇빛

아무래도 정글 식물인 만큼 그늘에서 잘 자란다. 그러나 가끔 햇빛을 쬐는 것으로 식물을 더욱 건강하게 하고 개화시기를 앞당길 수 있을 것이다.

물주기

항상 촉촉한 상태를 유지하기 좋아하므로 일주일에 한 번 분무기로 물을 뿌려주자. 2주에 한 번 정도는 퇴비 또한 소량의 물로 적셔 주되, 젖은 흙에 뿌리가 방치되는 것은 피해야 한다. 치명적인 결과를 낳을 수 있다.

개화시기

일반적으로 여름 내내 개화한다. 줄기 가장자리를 따라 밝은 주황색 또는 분홍색의 꽃봉오리가 맺히며, 꽃은 몇 주 동안 피어 있기도 한다.

번식하기

비교적 꺾꽂이가 무난한 식물로, 몇 주일 정도의 짧은 시간이면 입자가 거친 혼합토에 뿌리 내리게 할 수 있다. 뿌리가 형성될 때까지 뿌리와 흙 모두 건조하게 유지되지 않으면 절단면이 부패할 수 있음을 명심하자.

브라질에서 바위 면이나 나뭇가지 사이사이에 자라는 것을 볼 수 있다. 성장이 빠른 착생식물로 립살리스의 줄기는 뾰족하고 꼿꼿하게 자라나기 시작하지만 가시와 줄기심이 없어 차츰 제 무게에 못 이겨 처지곤 한다. 행잉 바스켓에서 키우기 안성맞춤인데 지지대를 몇 개 설치해 주면 화분에서도 높이 자랄 수 있다.

립살리스

Hatiora salicornioides

햇빛

직사광선에서는 힘을 못 쓰지만 집안 내 서늘하고 그늘진 곳, 배수가 잘 되는 화분에서는 잘 자랄 것이다. 생장하고 꽃을 피우기 위해서는 충분한 햇빛이 필요하긴 하지만, 완전한 그늘에 두는 편이 훨씬 건강하게 자란다.

개화시기

밝은 주황색의 자그마한 꽃은 줄기의 녹색과 아름다운 대조를 이룬다. 꽃이 지고 나면 끝이 붉은 빛을 띠는 반투명한 녹색 열매가 맺힌다.

번식하기

이 식물은 자가 번식을 하며, 떼어낸 어린묘는 얼마든지 뿌리를 내려 새로운 개체를 형성할 수 있다. 어린묘가 모본을 뒤덮고 자라기도 한다.

Tip

?

립살리스의 영명은 '병 선인장(Bottle Cactus)'인데, 줄기의 작은 부분이 마치 조그만 맥주병이 거꾸로 매달린 것처럼 보인다고 하여 이런 이름이 붙었다. 이 작고 축 늘어진 줄기는 밝은 녹색을 띠며 이따금 보라색 점이 콕콕 찍혀 있을 때도 있다. 립살리스는 그 외에도 '춤추는 뼈(Dancing Bones)'나 '향신료 선인장(Spice Cactus)'과 같은 별칭을 갖고 있다.

백운각은 밝은 녹색을 띠고 매우 곧은 원주형의 동체를 가진 선인장으로, 수세기 동안 서로 어깨를 맞대고 나란히 자라왔다. 이 때문에 가축을 목초지 영역에 가두어 놓기 위한 담장(Fence)으로 사용되어 왔다.

백운각

Pachycereus marginatus

햇빛

화창한 곳에서 기르는 게 좋다. 매우 건조한 환경에서 살아왔으며 따라서 가능한 한 많은 햇빛을 쬐었을 때 잘 자란다.

물주기

몇 년 동안이나 관리 없이 생존할 수 있는데 매우 튼튼하며 물을 거의 필요로 하지 않는다. 다만 최상의 상태로 유지하려면 더운 여름철에는 일주일에 한 번 정도 물을 주되, 한 번 물을 주고 나면 흙이 완전히 건조될 때까지 기다렸다가 물을 주자. 겨울철에는 물이 더욱 적게 필요하므로 몇 주일에 한 번 약간 물을 준다.

분심기

키가 무려 6미터 10센티미터까지 커질 수 있으므로 분갈이를 할 때는 무척 조심해야 한다. 식물 위쪽이 더 무겁게 자랄 수 있으므로 무게중심을 맞춰 주려면 몇 년에 한 번 정도는 화분 크기를 키우고 흙도 바꿔 주는 게 좋다. 분갈이를 하고 나면 다음 물주기 전까지 몇 주일 정도 기다리는 게 좋다. 뿌리를 확실히 내려 쉽게 쓰러지지 않게 되기까지 시간이 필요하기 때문이다.

남아프리카공화국에서 자생하는 이 소형 다육식물은 가느다란 줄기를 둘러싸고 빽빽하게 자라난 잎이 정육면체 덩어리를 이루는 모습으로 유명하다. 이런 줄기는 덤불 같은 모양으로 약 20센티미터 길이까지 군생하는데, 따라서 덩굴 같은 줄기가 자유롭게 자라나 늘어질 수 있는 행잉 바스켓에서 기르기 안성맞춤인 실내식물이다.

청쇄룡

Crassula lycopodioides

햇빛

채광이 좋은 방이 좋으며 새벽 시간대에는 직사광선도 잘 받는다. 습도만 낮게 유지된다면 더운 기후에서도 잘 자랄 것이다.

물주기

여름철에는 흙이 젖을 정도로 듬뿍 물을 주되 화분받침에 고인 물은 제거해 주고 다시 물을 주기 전에 화분이 전체적으로 완전히 말랐는지 확인한다. 겨울철에는 식물이 서늘한 곳에 있는 한 물이나 영양을 공급할 필요가 없다. 기온이 다시 올라가면 그때 물주기를 재개하자.

개화시기

겨울철에 서늘한 곳에 두는 것은 봄에 꽃이 필 가능성을 높인다. 청쇄룡 줄기에서 작은 노란색 꽃이 돋아나는 것을 볼 수 있는데, 때로는 자극적이고 불쾌한 냄새가 날 수 있으므로 주의하자!

번식하기

일반적으로 어린묘 또는 잎을 이용한 꺾꽂이로 번식한다. 따라서 잎 한 장으로도 새로운 식물을 무척 쉽게 길러낼 수 있다. 싹이 날 때까지 잘라낸 종묘를 두었다가 선인장 및 다육식물 전용 배합토에 옮겨심는다.

학명에서 알 수 있듯이 미국 플로리다(Florida)주에서 자생하는 이 선인장은 무척 드물게 밤에만 개화하는 특징을 가지고 있다. 자연 서식지에서 꽃은 일몰 후에 피어나 딱 하룻밤만 지나면 져 버린다.

플로리다기둥선인장

Cereus peruvianus 'Florida'

햇빛

햇빛을 듬뿍 쬘 때 번성하지만 이따금 해가 지는 그늘도 좋아한다. 선인장 표피에 화상을 입을 수 있으므로 직사광선을 피해 둔다.

물주기

여름철에는 일주일에 한 번 물을 잘 주되, 다시 물을 주기 전에 토양이 완전히 마르도록 기다린다. 겨울철에는 기온이 낮으므로 선인장이 휴면기에 들어갈 수 있다. 이 기간에는 종종 물을 준다. 최대 몇 주에 한 번만 물을 주어도 된다. 이 선인장은 휴면기에 생존할 수 있도록 몸 안에 대량의 물을 저장한다.

분심기

초벌구이 (유약을 바르지 않은) 도자기와 테라코타 화분에서 잘 자란다. 화분의 무게가 안정성을 제공하므로 다공성 화분을 사용하는 것이 바람직하다.

Tip

꽃을 피우고 난 후에 맺힌 열매는 날 것으로 먹을 수 있다. 이 식물은 용과와 같은 식물과 (Family)에 속한다.

가정에서 가장 널리 재배되는 다육식물이며 크라슐라속인 이 식물은 남아프리카공화국이 원산이며 관목으로 자란다. 작고 둥근 달걀 모양의 잎 때문에 영명은 '동전 나무(Money Tree)'다. 일년에 한 번 분홍빛 도는 흰 꽃을 피운다.

염자(화월)

Crassula ovata

햇빛

자연광 아래서 가장 잘 자란다. 다만 빛과 물이 부족한 환경에서도 아주 잘 견디는 편이므로 특별한 관리가 필요하지 않다.

기르기

상당히 크게 자랄 수 있으며 몇 년마다 분갈이가 필요할 수 있다. 젖은 토양은 지속적인 성장에 방해가 되므로 분갈이 등 식물을 다루기 전에는 흙이 완전히 말랐는지 확인하자.

분심기

하나의 화분에서 몇 년은 잘 살 수 있으므로 분갈이가 자주 필요하지는 않다. 그러나 몇 년에 한 번 정도는 흙이 썩지 않도록 갈아 주는 것이 좋다. 웬만하면 분갈이는 봄에 진행하고 분갈이 후에는 성장하는 모습을 확인할 때까지 물 주기는 삼가자.

번식하기

이 식물을 번식시키는 것은 매우 쉽다. 줄기나 잎을 꺾꽂이하여 새 식물을 간단히 길러낼 수 있다. 건조한 퇴비에 잎을 한 장 올려놓고 뿌리가 날 때까지 마르도록 둔다. 몇 개월이면 새로 자란 잎을 볼 수 있을 것이다.

카나리아 제도의 구릉진 사막에 자생하는 흑법사는 나뭇가지 같은 줄기를 여러 방향으로 뻗는 것으로 녹색 혹은 붉은색 로제트가 최대한의 햇빛을 받을 수 있게 자란다.

흑법사

Aeonium arboreum var. *atropurpureum*

햇빛

아이오니움 식물의 둥근 모습을 유지하려면 최대한 채광을 좋게 유지해줘야 한다. 이렇게 하면 잎이 말려 올라가지 않게 된다.

물주기

과잉급수에 주의해야 한다. 여름철에는 물을 뿌린 다음 토양이 살짝 촉촉한 정도가 될 때까지 내버려둔다. 하지만 겨울철에는 다시 물을 주기 전에 흙이 완전히 마른 것을 확인하자.

분심기

이 식물은 매우 빠르게 자라므로 매년 한 번 정도 분갈이를 해줘야 할 수 있다. 이 식물들은 150센티미터 높이까지 클 수 있으므로 자라는 동안 무게중심을 유지하기 위해서는 모래가 섞인 혼합토에 심는 게 좋다.

개화시기

늦은 겨울부터 이른 봄까지 피는 작은 별 모양의 노란색 꽃을 로제트의 중심부에서 볼 수 있다. 다만 꽃을 피운 로제트는 꽃이 진 후에 시들어 죽을 것이다.

특성

성장 속도가 빠르고 로제트의 무게가 있으므로 이따금 가지가 떨어져 나올 수도 있다. 하지만 이렇게 떨어져 나온 가지는 꺾꽂이에 이용할 수 있다.

비교적 관리가 쉬운 월토이는 벨벳 같은 감촉의 털이 난 잎으로 인기가 좋다. 두껍고 즙 많은 잎에 체수분의 대부분을 저장하기 때문이다. 회색 빛 도는 밝은 초록색을 띤 이 식물은 성장하면서 잎 가장자리에 갈색 점이 나타난다. 또한 시간이 지나면서 모양이 상당히 불규칙하게 자라지만 대체로 처음 자라날 때는 타원형을 띤다. 원래 마다가스카르가 자생지인 이 예쁜 식물은 키가 46센티미터까지 자랄 수 있다.

월토이

Kalanchoe tomentosa

햇빛

이 식물은 충분한 햇빛을 즐기므로 온실이나 채광 좋은 거실에 두어 생장을 촉진하는 것이 좋다.

분심기

충분히 성숙하여 줄기가 화분 아래로 늘어뜨려지기 시작하면 행잉 바스켓에 옮겨 심기에 최적의 상태이다. 이 식물은 생장이 느려 수 년에 한 번만 분갈이를 해도 되고 완전히 성숙하게 자란 다음에는 횟수를 줄여도 된다.

개화시기

야생에서는 꽃을 피우지만 가정에서는 거의 꽃이 피기 어렵다. 그러나 잎의 아름다움만으로도 가정용 다육식물로서 인기를 굳건히 하고 있다.

주의점

칼란코에속 식물은 개와 고양이에게 유독하므로 주의하자.

아메리카 대륙과 멕시코 원산의 금라사는 사막과 같이 건조한 환경에 적합하므로 식생할 때 이 점을 참고한다. 바닥이 깊은 화분을 사용하여 뿌리가 모두 들어갈 수 있도록 하고 입자가 크고 배수가 좋은 토양을 사용한다.

금라사

Ancistrocactus megarhizus

햇빛

많은 햇빛을 필요로 하므로 조도가 낮은 환경에서는 상당한 스트레스를 받아 생장이 저해되거나 가시가 약해질 수 있다. 앤시스트로캑터스속 식물은 자연광을 듬뿍 받고 통풍이 잘 되며 가끔 그늘이 있는 부엌 창턱에서도 충분히 잘 자랄 수 있다. 만약 집에 온실이 있다면 온실에서도 잘 자랄 것이다.

물주기

겨울철에 이 선인장은 서늘한 기온을 잘 견디는 편이다. 단, 이때에는 물주는 양을 적게 유지하고 흙이 완전히 마른 것을 확인하고 나서 물을 주도록 하자.

개화시기

건강하고 적절한 환경이 유지된다면 2~3월경에는 밝은 녹색이나 노란색 꽃이 핀다.

기르기

이 사막 선인장은 약간의 표토와 퇴비가 섞인 모래흙을 좋아한다. 시중에 파는 선인장용 배합토로도 충분히 키울 수 있다.

당인은 로제트 형태로 자라며 수프 접시 크기처럼 매끄럽고 아름다운 잎이 자라난다. 햇빛에 노출되었을 때 이 녹색 잎들은 가장자리가 붉게 물들기도 한다. 쌍으로 재배하면 잎이 입술처럼 보일 때도 있다.

당인

Kalanchoe thyrsiflora

물주기

남아프리카공화국에서 자생하는 이 다육식물은 사막에서 자유롭게 자라며 건조한 주택에서도 잘 산다. 일주일에 한 번 적은 양의 물을 주고, 겨울에는 최소한으로 물을 주어야 한다.

분심기

지나치게 번성하면 분갈이를 할 필요가 있다. 그러나 분갈이를 할 때는 퇴비가 완전히 건조한 것을 확인하고 이전 것보다 약간만 큰 화분을 사용해야 한다.

개화시기

성숙한 당인은 봄철에 향기로운 노란색 꽃을 피운다. 개화 후에는 번식에 사용할 수 있는 눈이 생긴다.

주의점

칼란코에속 식물들은 동물에게 유독하다. 개나 고양이와 같은 반려동물을 데리고 있다면, 반려동물이 이 식물들을 먹게되면 독성 반응을 일으킬 수 있으므로 조심하자.

Tip

'레드 팬케이크(Red Pancakes)', '플랩잭(Flap Jack)', '사막 양배추(Desert Cabbage)'등의 별칭을 가지고 있다. 이 느리게 자라는 식물은 생장하고 번성하는 데 많은 주의를 필요로 하지 않는다.

자생지인 페루에서 자연산 울타리로 자주 이용되는 장군선인장은 관목처럼 생긴 식물체에서 밖을 향해 비죽하게 돋아나는 핀처럼 생긴 잎을 많이 가지고 있다.

장군선인장

Austrocylindropuntia sublata

햇빛

햇빛이 많이 비치는 곳이나 부분적인 그늘에서 자라며 통풍이 잘되는 주방에서 키우기 좋다. 다만 이 식물은 적정량의 수분은 즐기지만 충분히 환기하고 매우 낮은 습도를 유지해줘야 한다는 것을 명심하자.

물주기

여름철에는 일주일에 한 번 정도 적정량의 물을 주고, 다음 물주기까지 완전히 배수되어 화분 전체의 흙이 마르도록 한다. 겨울철에는 잎이 시드는 것을 방지할 수 있을 정도로만 물을 주어야 한다.

기르기

나무처럼 자라며 좋은 환경을 유지하고 정기적으로 분갈이를 해줄 경우 높이가 4미터까지 자랄 수 있으며 길이가 15센티미터에 달하는 밝은 노란색 가시가 돋는다. 여름에 붉은 꽃을 피우고 꽃이 진 자리에 붉은 열매가 맺힌다.

번식하기

번식할 때는 두 개의 가지가 서로 갈라지는 마디에서 줄기를 자른다. 단면이 굳어지도록 기다렸다가 느슨하고 입자가 큰 흙에 심어 뿌리내림을 돕는다.

선버스트 아이오니움은 카나리아 제도(스페인의 자치주)에서 유래했지만 지금은 그곳에서 머나먼 캘리포니아에서도 볼 수 있다. 밝은 녹색과 노란색이 어우러져 아름다운 잎은 여름철이면 윤곽이 연분홍색으로 물든다. 끝 부분 한가운데에서 섬세한 흰 꽃이 핀다.

선버스트 아이오니움

Aeonium decorum 'Sunburst'

햇빛

'구리 바람개비(Copper Pinwhell)'라는 영명을 가진 이 다육식물은 느리게 자라며 완전 채광이나 밝은 그늘 환경이 필요하다. 기온은 영하 1도 이상으로 유지되어야 한다. 서리에 손상되기 쉽기 때문에 식물을 따뜻하고 햇볕이 잘 드는 장소에 보관하면 좋은 결과를 얻을 수 있을 것이다.

물주기

4월부터 10월까지의 더운 계절에는 정기적으로 물을 주고, 물주기 사이사이에 흙이 완전히 마르도록 한다. 과잉급수는 뿌리썩음을 유발할 수 있다.

기르기

작은 용기에서도 잘 자라는 식물로, 가로세로높이 46센티미터까지 자랄 수 있다. 큼지막한 로제트는 잎이 없는 긴 줄기에 달려 있고 성숙한 개체는 초봄에 연노랑 꽃을 피울 것이다.

주의점

유감스럽게도 흙을 대체로 건조하게 유지하며 관리해 주더라도 줄기와 뿌리의 부패가 발생하기 쉽다. 뿌리썩음을 발견하면 뿌리 끝을 잘라내고 새로 뿌리내릴 수 있도록 흙에 놓아 주자.

이 선인장 이름의 유래는 분명하다. 구근을 닮고 돌연변이같이 생긴 이 세레우스속 선인장은 공포영화에서 보았음직한 모습을 하고 있다. 빽빽하게 난 구부러진 마디와 불규칙한 생장 패턴을 갖고 있기에 이 식물은 개체에 따라 완전히 다르게 보일 수 있다.

암석사자선인장

Cereus peruvianus 'Monstrose'

햇빛

햇빛을 듬뿍 쬐면 강하고 키 큰 선인장으로 기를 수 있지만 직사광선에 방치하지 않도록 조심하자. 양지바른 곳과 그늘에 적절히 번갈아 두면 완벽하다.

물주기

여름에는 일주일에 한 번 물주기를 하되 그 사이에는 흙이 완전히 마르도록 둔다. 겨울철에는 전혀 물을 주지 말아야 하며 화장실과 같이 습도가 높은 곳에 두지 않도록 명심한다. 물과 그늘이 너무 많이 주어지면 부풀어 올라 지저분해 보일 수 있으므로 물주기에는 주의하자.

분심기

이 선인장은 매우 빠르게 자라나므로 매년 분갈이를 해줘야 할 수 있다. 매년 20센티미터까지 자랄 수 있다.

주의점

배수가 잘되지 않는 토양에서 뿌리썩음을 일으킬 수 있다. 이것을 방지하려면 자갈이나 작은 돌을 종묘점에서 구매하여 흙 밑에 깔아 주면 좋다.

남아프리카공화국이 원산지인 러브체인은 행잉 바스켓에 두기에 안성맞춤이다. 잎은 드문드문 피지만 앙증맞은 하트모양 잎이 철사 같은 줄기를 따라 늘어지는 모양이 특징적이다.

러브체인

Ceropegia woodii

햇빛

이 예쁜 식물은 최소한의 관리를 필요로 하지만 채광은 많을수록 좋다. 러브체인을 집에 배치할 때는 가장 햇빛이 잘 드는 곳에 두자.

물주기

성장기에는 적절히 물을 주되 물주기 사이에 흙이 완전히 마르도록 한다. 섬세한 뿌리와 줄기 탓에 과잉급수하지 않도록 유의해야 한다. 잎이 누렇게 변색된다면 뿌리썩음이나 저온을 의심해 보는 것이 좋다.

개화시기

상록 다년생인 이 식물은 여름철에 꽃을 피우기도 하는데, 별다른 특색 없는 창백한 꽃이 지고 나면 때때로 씨앗이 든 원통형 열매가 맺힐 수 있다.

가지치기

이 덩굴 식물은 수명이 긴 편이며 시간이 지나면서 덥수룩해지기 쉬우므로 가끔씩 손질을 해 주면 좋다. 절삭된 부분을 촉촉한 흙에 심는 것으로 번식을 시킬 수도 있다.

아이오니움 볼케리는 좀더 인기종인 일월금(아이오니움 하워르티, *Aeonium haworthii*)와 유연관계다. 아이오니움속 중에서도 나무를 닮았는데 어린묘를 자주 만들어내고 금방 관목처럼 빽빽해질 수 있다. 잎은 대체로 녹색이며 가장자리로 갈수록 붉어지며 햇빛에 노출되면 더 선명해지기도 한다.

아이오니움 볼케리

Aeonium volkerii

햇빛

이 식물의 성장시기는 늦은 겨울부터 봄까지이며, 그 기간 동안에는 습하고 그늘진 위치에 있어야 한다.

물주기

아이오니움속 식물은 너무 뜨겁고 건조한 환경에서 잘 자라지 못한다. 기온이 너무 높으면 잎이 말리는 것을 볼 수 있다. 이것은 물 손실을 막기 위한 반응이며 식물이 물을 필요로 한다는 신호다. 겨울철에는 흙이 완전히 말랐을 때에만 물을 주어야 한다.

분심기

다른 식물과 함께 재배하는 것을 고려해 보자. 여러 식물이 심겨 있는 얕은 화분에서 한부분으로 곧잘 자란다. 알로에속, 아가베속, 크리슐라속 등과 잘 어울린다.

주의점

아이오니움속 식물은 돌보기 쉬운 편이지만 줄기와 뿌리가 썩기 쉬우므로 조심하자. 배수성이 높은 클레이 화분을 사용하면 예방할 수 있다.

남아프리카공화국에 널리 분포하는 자원반 크라슐라는 일반적으로 중형 관목이나 작은 나무의 형태로 자생한다. 나뭇잎이 1달러 은화 크기로 자라기 때문에 영명은 ‘실버달러플랜트(Silver Dollar Plant)’다. 가정에서 기를 때는 충분한 빛이 주어진다면 작은 화분에서도 잘 자란다. 작은 주홍색 반점으로 덮인 청록색 잎을 자랑하는 자원반 크라슐라는 외견이 매력적인 다육식물 중 하나다.

자원반 크라슐라

Crassula arborescens

햇빛

양지바른 곳에서 잘 자라며 어느 정도의 직사광선을 받을 수 있다. 햇빛이 잘 드는 창문가는 이 식물을 키우기에 더할 나위 없는 환경이며 꽃도 잘 필 것이다. 빛이 충분치 않으면 가늘고 약해질 수 있다.

물주기

가뭄에 강한 것으로 알려진 자원반 크라슐라는 심하게 방치해도 살아남을 수 있다. 하지만 식물을 가장 건강하고 아름답게 유지하려면 여름철에는 일주일에 한 번, 서늘한 계절에는 그보다 드물게 물을 주는 것을 권장한다.

개화시기

여름철이면 별모양 꽃을 피우는데, 아주 볼만하다. 공모양의 작은 군집으로 나타나는 이 꽃이 시들면 잎 끝에 작고 붉은 구슬이 맺힌 것처럼 보인다.

라일락빛 다육질 잎을 가진 뉘른베르크 에케베리아는 에케베리아속 가운데 가장 매력적인 식물일지도 모른다. 이 식물은 매우 아름다운 남보랏빛 로제트를 만들고, 각 로제트는 직경 30센티미터까지도 자랄 수 있다.

뉘른베르크 에케베리아

Echeveria 'Perle von Nürnberg'

햇빛

적응력 높은 이 식물은 충분한 햇빛을 선호하지만 오후의 그늘 또한 즐긴다. 여름철에는 온화한 기후가 유지된다면 밖에 두어도 괜찮다.

물주기

더운 계절에는 물을 잘 주자. 오목하게 들어간 잎에 물이 고여 썩거나 상처가 생기는 것을 방지하는 가장 좋은 방법은 흙에 직접 물을 주는 것이다. 뿌리썩음을 방치하기 위해서는 에케베리아속 식물을 젖은 환경에 방치하지 않도록 한다. 겨울철에는 물을 훨씬 드물게 주어야 하며 물주기 사이에는 흙이 완전히 마르는 것을 확인해야 한다.

개화시기

한번에 피워낼 수 있는 꽃줄기의 개수는 이 식물의 독특한 특징인데 로제트 하나에서 최대 여섯 개까지 줄기가 뻗을 수 있다. 늦봄에서 초여름까지 코랄오렌지색의 꽃이 핀다.

밝은 녹색의 다육질 잎을 가진 고자는 대부분의 환경에서 잘 자라는 강건한 다육식물이다. 멕시코에서 유래한 이 식물은 극한의 고온과 저온을 모두 견딜 수 있다. 로제트는 대체로 아담하고 조밀하게 나는 편이다. 때때로 줄기가 햇빛을 향해 뻗으며 어린묘를 생산할 수 있다.

고자

Echeveria affinis

햇빛

태양의 온기를 즐기므로 매일 몇 시간 동안 직사광선을 쬐여 주면 좋다. 직사광선은 개화를 촉진시키지만, 잎의 갈변을 조심해야 한다. 갈변이 발생한다면, 더운 여름철에는 즉시 식물을 직사광선이 비치지 않는 곳으로 옮겨야 한다.

물주기

이 식물은 생장기인 여름철에 주기적인 물주기를 필요로 한다. 흙이 완전히 말랐을 때를 기다려 일주일에 한 번 정도 물을 준다. 에케베리아속 식물은 뿌리썩음의 피해를 입기 쉬우므로 겨울철에는 물주기를 최소화한다. 실내에서 재배할 때는 특히 화분에 물이 고여 있지 않도록 주의한다.

개화시기

개화기는 늦여름에서 초가을에 이른다. 긴 아치형 줄기가 로제트 밑에서 분지하여 흰 꽃을 많이 피운다.

번식하기

잎꽂이로 간단히 번식시킬 수 있다. 다만 최상의 결과를 얻으려면 종자부터 키우거나 줄기 꺾꽂이를 하는 편이 좋다.

백운금은 영명이 '노인 선인장(Old Man Cactus)'으로 그 이름이 붙은 이유를 한눈에 알 수 있다. 모든 표면에서 돋아나 성긴 흰색 털은 노인의 백발을 연상케 하기 때문이다. 아르헨티나의 건조한 산악 지대가 원산지로 이 선인장을 감싸고 있는 털이 고도가 높은 지역 특유의 겨울 밤 서리나 강렬한 여름 햇살으로부터 선인장을 보호한다.

백운금

Oreocereus trollii

햇빛

이 식물이 완전히 성숙하려면 밝은 빛이 필요하다. 습기에 민감하므로 건조하고 통풍이 잘되는 곳에 배치해야 한다.

물주기

여름에는 일주일에 한 번, 흙이 완전히 말랐을 때만 물을 준다. 서늘한 겨울철은 선인장이 휴면하는 기간이므로 물주기를 자제한다.

기르기

흰 털 사이사이에 먼지나 흙이 끼는 것을 볼 수 있다. 마른 붓을 사용해 부드럽게 쓸어 주며 이물질을 제거해 주자.

분심기

분지가 빠르고 밑동에 서로 엉겨 자라는 긴 통모양의 선인장이라는 특성상 2년에 한 번 정도 분갈이를 해야 할 수 있다. 분갈이는 봄철에 해 주고 분갈이 후 물주기는 1~2주 뒤에 한다.

아가베속에는 600종 이상의 다른 종들이 있으며, 그중 가장 유명한 것이 용설란이다. 백년에 한 번만 꽃을 피우는 것은 아니지만 영명은 '센트리플랜트(Century Plant)'다. 키 크고 뾰족한 나뭇잎을 가진 이 식물은 가장자리에 흰색 얼룩무늬가 있는 경우가 많다.

용설란

Agave americana

햇빛

사막식물인 아가베속 식물은 밝은 햇빛을 좋아하고 가뭄에 강하다. 여름철에 야외에 두면 아주 잘 자랄 것이다.

물주기

재배하기 용이한 아가베속 식물은 배수만 잘 된다면 어떤 종류의 흙에서도 잘 자란다. 일주일에 한 번 정도 적정량의 물을 주고 뿌리썩음을 막기 위해 다시 물을 주기 전에 흙이 완전히 마르는 것을 확인하자.

분심기

아가베속 식물은 입자가 크고 거친 토양에서 가장 잘 자란다. 흙에 모래를 추가하여 배수를 더욱 용이하게 할 수 있다.

개화시기

아가베속의 로제트는 개화 후 차츰 시들어 죽어버리지만, 이 과정은 몇 년이 걸릴 수도 있다. 죽고 나면 그 자리에 어린묘가 새로 자란다.

주의점

일부 식물은 나뭇잎 가장자리를 따라 날카로운 톱니가 있으며 고양이와 개에게 약한 독성을 보일 수 있으므로 주의하자.

뿔피리와 비슷하게 생긴 통모양의 줄기를 가진 우주목은 염자와 유연관계다. 따라서 염자와 관리법이 거의 비슷하다. 해가 지남에 따라 수간이 두터워지는 이 식물의 성장 과정을 관찰하기란 무척 즐거운 일이다. 높이 80센티미터, 직경 30센티미터까지 자랄 수 있으며, 조심스럽게 다듬어 독특한 모양의 분재식물로도 기를 수 있다.

우주목

Crassula ovate 'Gollum'

햇빛

트럼펫을 닮은 이 식물은 햇살 가득한 실내에서 행복하게 자란다. 하지만 부분 채광에서도 무난히 살 수 있다. 우주목을 최상의 상태로 유지하려면 매일 몇 시간 정도는 자연광을 쬐여주자.

물주기

여름철에는 물을 적당히 주지만 다시 물을 주기 전에 흙이 완전히 말랐는지 확인한다. 특히 겨울에는 전혀 물을 주지 않고도 몇 주는 살 수 있는 식물이므로 과잉급수를 삼간다.

기르기

매우 빠르게 자라는데 개체가 어릴 때는 일년에 크기가 네 배나 커질 수도 있다. 뿌리가 화분에 꽉 차는 듯하면 분갈이를 해야 한다.

번식하기

잎과 줄기를 잘라내서 간단히 꺾꽂이를 할 수 있다. 저절로 떨어진 잎 또한 마른 퇴비에 올려놓으면 빠르게 발근을 한다.

톱시터비는 밝은 청록색에서 창백한 파란색에 이르는 빛깔의 잎을 가지고 있으며, 잎은 로제트를 이루어 자란다. U자 모양의 잎 패턴을 보면 쉽게 알아볼 수 있다. 에케베리아속 식물 중에도 독특한 외양을 가진 식물로 마치 잎의 안팎이 뒤집힌 것 같은 인상을 준다.

톱시터비

Echeveria runynii 'Topsy Turvy'

물주기

물을 줄 때는 잎 사이사이에 물이 고이지 않도록 반드시 주의하자. 잎모양 때문에 부패와 곰팡이병에 취약하다. 다른 다육식물과 마찬가지로, 충분한 햇빛은 톱시터비가 강건하게 성장하고 잎과 꽃 색깔이 선명해지는 데 도움이 된다.

기르기

빠르게 성장하는 이 다육식물은 직경 25센티미터의 로제트를 만들며, 길이 12.5센티미터 및 폭 2.5센티미터까지도 커질 수 있는 은회색 잎을 가지고 있다.

주의점

죽은 잎이 화분에 쌓이면 벌레가 생기기 쉬우므로 식물이 충해를 입지 않도록 하려면 낙엽을 바로바로 치워 주자 (에케베리아속 식물은 특히 깍지벌레가 생기기 쉽다).

개화시기

원산지는 멕시코로 톱시터비의 꽃은 길고 살짝 구부러진 한 개의 총상꽃차례에서 아름답게 피어난다. 꽃의 색은 밝은 노란색이나 주황색이다.

멕시코와 브라질이 원산지인 금청각은 눈에 띄는 밝은 파란색 무늬 줄기와 그와 대조적인 노란색 가시를 자랑한다. 또한 실내에서 자랄 수 있는 가장 매력적인 선인장 중 하나이다.

금청각

Pilosocereus pachycladus

햇빛

밝은 햇살을 즐기지만 푸른 관 모양 꽃의 성장을 촉진하는 그늘에 때때로 들어가는 것도 좋아한다. 꽃이 시든 후에는 둥근 열매를 남긴다.

물주기

여름철에 물주기를 정기적으로 해야 하는 식물이다. 일주일에 한 번만 충분히 물을 주면 되지만, 배수가 확실히 되는지 확인하자. 축축한 흙에 오래 방치하면 뿌리가 썩을 수 있기 때문이다. 여름철에는 적당량의 비료를 주는 것으로 금청각의 잠재력을 이끌어낼 수 있다.

분심기

키가 4미터 30센티미터까지 자랄 수 있으며 가끔씩 분갈이를 해 주는 것이 바람직하다. 장갑을 끼고 가볍게 화분에서 식물을 들어 올리고 오래된 토양을 털어 낸 다음 더 큰 곳으로 옮겨 준다.

번식하기

번식시키는 최선의 방법은 꺾꽂이다. 성숙한 식물에서 끝부분을 잘라낸 다음, 새로운 식물의 뿌리 역할을 하도록 새 화분에 옮겨심는다. 몇 주 정도 걸리지만 결국에는 완전히 뿌리를 내릴 것이다.

정교한 잎 구조가 매력적인 생선뼈선인장은 중늑으로부터 지그재그 모양으로 돌출된 잎의 모양으로 식별할 수 있다. 행잉 바스켓에 담아 늘어뜨리면 앙리 마티스의 그림에서 튀어나온 것처럼 아름답다.

생선뼈선인장

Epiphyllum anguliger

햇빛

간접 일광을 선호하는 이 선인장은 거실이나 욕실에서 잘 자란다.

물주기

정기적인 물주기는 좋지만, 과잉급수하지 않도록 주의하자. 흙이 항상 살짝 촉촉한 정도로만 유지되도록 하자. 정글에 자생하는 이 식물은 습한 환경이 최적이다.

개화시기

밤에 피는 선인장과 중 하나로 아주 가끔씩 작은 분홍색 꽃을 피운다. 이 꽃은 밤새 피며 오직 하루만 지속된다. 이 멋진 광경을 직접 목격하는 행운이 따른다면 충분히 즐기시라.

주의점

눈에 띄는 가시는 없지만 줄기를 따라 수백만 개의 아주 미세한 털이 나 있으므로 다룰 때 주의해야 한다. 털에 직접 닿으면 자극 반응이나 불편함을 유발할 수도 있다.

생장이 느린 편인 대화금은 자그마한 에케베리아속 다육식물로, 얼룩무늬가 진 짙은 올리브그린 잎을 가지고 있으며 때론 불그스레한 빛을 띠기도 한다. 삐죽한 잎은 한데 모여 직경 8센티미터까지 자랄 수 있는 조밀한 로제트를 이룬다. 대체로 단생하는 식물이지만 환경 조건이 갖춰진다면 어린묘를 형성하여 무성하게 군집하는 것을 볼 수도 있다. 뿌리를 내린 어린묘는 언제든지 다른 화분으로 옮겨 심어도 된다.

대화금

Echeveria purpusorum

햇빛

충분한 햇빛이 드는 따뜻한 장소가 완벽한 환경이 될 것이다. 빛과 열을 받으면 잎의 붉은 빛은 더욱 선명해지고 개화도 촉진된다. 식물체가 화상을 입을 수 있으므로 직사광선에 방치해서는 안 된다.

물주기

에케베리아속 식물에 물을 줄 때는 로제트에 물이 닿아 고여 있지 않도록 한다. 이는 뿌리썩음이나 치명적인 곰팡이 감염을 일으킬 수 있다.

기르기

식물이 자라면서 바닥에 죽은 잎이 쌓이기 시작할 것이다. 깍지벌레와 같은 작은 해충이 번식하기에 안성맞춤인 환경이므로 그때그때 제거하자.

개화시기

붉은 주황색의 꽃은 20센티미터까지도 자랄 수 있는 구부러진 줄기에서 피어난다.

심수정은 낮게 포복하며 자라는 식물로 붉은색과 녹색의 작은 다육질 잎을 가지고 있으며 원산지인 남아프리카공화국에서는 바위나 골짜기를 두텁게 뒤덮고 군생한다. 집에 암석 정원이 있다면 이 크라슐라속 식물이 자라기에 안성맞춤인 환경이다. 또한 길게자란 잎들이 자유롭게 늘어뜨려질 수 있는 행잉 바스켓에서도 잘 기를 수 있다.

심수정

Crassula pellucida 'Variegata'

햇빛

이 식물의 잎 색깔은 햇빛의 양에 따라 달라진다. 햇빛을 받으면 잎이 매력적인 붉은색으로 바뀌는데, 다만 심수정은 그늘에서도 잘 산다는 걸 기억하자.

물주기

또한 이 식물은 관리가 거의 필요하지 않다. 1~2주에 한 번 가볍게 물을 주는 것만으로도 촉촉하고 건강한 상태를 유지할 수 있다. 땅을 기며 자라는 이 식물은 쉽게 썩을 수 있으므로 과잉급수에 주의하자.

개화시기

이 크라슐라속 식물은 봄철에 충분한 햇빛을 받으면 조그만 별모양의 흰색 꽃을 틔울 수도 있다. 꽃 자체가 인상적인 것은 아니지만 전반적인 매력을 더하기는 한다. 그러나 식물체는 꽃이 시들고 나면 약간 시들시들해질 수 있다. 이때 길게 뻗은 줄기를 다듬고 관리를 해 주면 좋다.

왜 제금관의 영명이 '코랄선인장(Coral Cactus)' 인지 쉽게 알 수 있다. 꼿꼿하게 선 가시와 바다를 연상시키는 부채꼴 산호색 혹은 분홍색 가지를 가진 이 식물은 장식용으로 널리 재배되고 있다.

제금관

Euphorbia lactea 'Cristata'

햇빛

밝고 햇볕이 잘 드는 창틀 등지에 두면 일반적인 실내 기온에서 잘 자란다.

물주기

선인장 종류의 관리법은 대체로 비슷하다. 엄밀히 말해 이 식물은 선인장이 아니지만, 겨울철에는 물주기를 최소화하고 여름철에는 일주일에 한 번 정도 물을 주면 된다.

분심기

4년에 한 번만 분갈이를 해 주면 된다. 분갈이는 봄이나 초여름에 진행하며 원래 화분보다 2센티미터 정도 넓은 곳으로 옮겨 준다.

주의점

제금관을 취급할 때 주의를 기울여야 한다. 인도 등지에서는 약용으로도 사용되는 식물이지만 유포르비아속 식물이 대개 그렇듯 가시가 뽑히면 유백색 진액을 내뿜는데, 독성이 있어 피부 자극이나 환각을 일으킬 수 있다. 또한 이 식물을 개와 고양이에게 유독하다.

특성

이 종은 선인장이 아니라 두 종류의 다육식물을 접붙인 것이다. 유포르비아 네리폴라의 뿌리 부분에 유포르비아 락테아의 부채꼴 상부를 접목해 탄생했다.

작고 관목 같은 칼란코에 롱기플로라는 녹색 빛 도는 갈색 타원형 잎이 톱니 모양을 이루고 있으며 가뭄, 추운 날씨 또는 따뜻한 햇빛에 반응하여 붉은 색조가 짙어진다.

칼란코에 롱기플로라

Kalanchoe longiflora

햇빛

이 식물을 강인하게 유지하려면 햇빛이 필수적이다. 창틀 및 기타 직사광선이 잘 비치는 곳에 두자. 오후 시간대에 약간 그늘 지는 것 또한 좋다. 이는 개화 가능성을 높여 준다.

물주기

물을 주고 나서 다시 물을 주기 전에 흙이 완전히 말랐는지 확인하자. 그렇지 않으면 뿌리썩음이 발생할 수 있다. 물은 여름철에는 일주일에 한 번 정도, 겨울에는 몇 주에 한 번씩 준다.

기르기

통기성과 뿌리 부근 배수가 좋은 환경에서 잘 자라므로 입자가 큰 흙이나 모래가 풍부한 토양에서 기르도록 한다.

개화시기

늦봄에서 초여름까지 키가 큰 수상화서에서 밝은 황색의 꽃이 피는 것을 볼 수 있다. 꽃이 피어나면 다듬어 제거하자.

사막 선인장이라기 보다는 영국에서 보는 관목처럼 생긴 꽃기린은 빠르게 성장하며 가지가 여러 개 돋은 빽빽한 식물로 자란다. 이렇게 자라난 꽃기린은 관리를 잘 해주지 않으면 쉽게 지저분해져 엉키곤 한다.

꽃기린

Euphorbia milii

분심기

2년에 한 번씩 늦겨울이나 초봄에 분갈이를 해 줘야 한다. 배수가 잘 되는 토양을 사용하여 뿌리가 짓눌리지 않고 모두 담길 수 있는 넉넉한 화분으로 옮겨 주자.

개회시기

꽃은 작고, 종종 밝은 빨강 또는 분홍색을 띤다. 외견상 특출난 점은 없지만 꽃이 만개했을 때는 꽤 아름답기 때문에 꽃기린은 가정내 관상용 화초로 인기가 높다.

주의점

유액은 독성이 있어 피부에 자극을 줄 수 있다. 이 식물은 또한 애완 동물에게 독성이 있으므로 개와 고양이의 손이 닿지 않는 곳에 보관해야 한다.

특성

마다가스카르 자생종인 이 식물은 유포르비아속의 다른 어떤 식물보다도 잎을 오래 유지한다. 잎은 모두 떨어지고 나면, 줄기를 따라 돋아난 날카로운 가시만 남는다.

Tip

영명은 '가시 면류관(Crown of Thorns)'으로 또 다른 영명인 '크리스트 플랜트(Christ Plant)'라는 이름으로도 알려져 있다.

백도선은 작은 방석 같은 잎으로 구성되어 있는데, 잎은 자모(刺毋)라고 부르는 미세한 가시로 덮여 있다. 자모는 인간의 머리카락 두께보다 가늘다. 그러나 지나치게 미세하기 때문에 만질 때 통증이 없더라도 피부에 심한 자극을 줄 수 있다. 몇 년 동안이나 작은 관목형 모양을 유지하여 가장 인기 좋은 선인장 중 하나이다.

백도선

Opuntia microdasys 'Albata'

햇빛

사막의 밝은 태양에 익숙해 창틀이나 온실에서 잘 자란다. 화상을 입을 수 있으므로 직사광선에 오랫동안 노출해서는 안 된다.

물주기

여름철에는 일주일에 한 번 물을 주고 물주기 사이에는 흙이 완전히 마르도록 한다. 겨울철에 이 선인장은 매우 강인하며 서늘한 기온을 선호한다. 몇 주 동안이나 물 없이 버틸 수 있으므로 잎이 시들지 않을 정도로만 조금씩 물을 준다.

개화시기

꽃이 피는 것은 비교적 드물다. 만약 꽃을 피운다면 잎의 가장자리를 따라 밝은 황갈색 꽃을 피울 것이다. 꽃이 지고 나면 그 자리에 뒤따라 붉은 열매가 맺힌다.

포복성 다년생 상록식물인 백설은 다 자라도 그 높이가 10센티미터에 불과하다. 화분에 심으면 회색빛을 띤 자주색 로제트를 천천히 형성하며 행잉 바스켓에 심어 줄기를 자연스럽게 늘어뜨려도 사랑스럽다.

백설(은설)

Sedum spathulifolium

햇빛

돌나물과인 이 식물은 햇빛 가득한 곳에서 잘 자라며 충분한 빛은 자주색 잎을 더욱 선명하게 만들 것이다. 양지바른 창가에서도 잘 자라며 따뜻한 계절에는 밖에 내놓아도 좋아할 것이다. 그러나 겨울철 서리를 맞으면 죽을 수 있으므로 반드시 안에 들여야 한다.

물주기

습기 찬 토양에 오래 방치하면 안 된다. 겨울철에는 휴면기에 들어가므로 단수한다. 날이 풀리면 봄에서 여름까지는 일주일에 한 번 정도만 물을 주고 반드시 물이 잘 빠지는 배수성 토양에 심는다.

개화시기

늦여름에서 초가을에 걸쳐 로제트와 아름답게 어우러지는 작고 노란 별모양 꽃무리를 피운다.

Tip

영명으로 '케이프 블랑코(Cape Blanco)'인 백설은 '숟가락잎 돌나물(Spoon leaved Stonecrop)'이라는 별칭도 가지고 있다.

유포르비아속 식물은 그 모양이 다양하다. 그중 청산호는 아프리카 북부에서 자생하며, 가정에서는 선반 위 화분에서 행복하게 자랄 수 있을 것이다. 그러나 자연 서식지에서 이 식물은 최대 3미터 높이의 나무로 자랄 수 있다.

청산호

Euphorbia tirucalli

물주기

여름철 동안 정기적인 물주기를 필요로 한다. 물주기 사이사이에 흙이 완전히 마르는 것만 확인하자. 겨울에는 휴면기에 들어가므로 몇 주 중에 한 번만 물주기 하면 된다.

주의점

이 식물을 개와 고양이가 섭취했을 경우 독성을 일으키므로 바닥에서 기를 때는 주의해야 한다.

특성

줄기는 일반적으로 부드럽고 녹색이며, 노화되기 시작하면 회색으로 변한다. 소위 '불붙은 나뭇가지(Sticks on Fire)'나 '붉은 연필 선인장(Red Pencil Tree)'이라는 별칭으로 유통되고 있다. 이들의 줄기는 열에 반응하는 매력적인 빨간색 끝부분을 자랑하는데, 기온이 높아짐에 따라 색이 선명해졌다가 기온이 내려가면 색이 바랜다.

Tip

청산호는 잎이 없는 것으로 알려져 있다. 그 연필 모양의 줄기가 잎의 역할을 대신하는 것이다.

이 다육식물은 남아프리카 공화국의 동쪽 곶에서 발견된다. 조밀하게 자라는 하워르티아속인 이 식물은 수백 개의 뾰족한 청록색 줄기가 길다란 덩어리를 이루며 빽빽하게 모여 형성된다.

청동

Haworthia glauca var. *herrei*

햇빛

사막 지역의 관목 아래에 숨어 자라는데 간헐적으로 그늘이 지며 자연광이 풍부한 환경에서 번성할 것이다. 창가에 두어도 좋고, 건강하게 성장시키려면 온실에서 기르면 더욱 좋다.

물주기

대부분의 다육식물과 달리 이 식물은 겨울에 생장하고 여름에 휴면한다. 여름철에는 흙이 촉촉하되 젖어 있지 않도록 하자. 겨울에는 한달에 두세 번 정도만 물을 주도록 하고 흙이 말라 잎이 시드는 것을 방지할 정도로만 조금씩 물주기한다.

번식하기

이 식물은 어린묘를 떼어내서 다시 심는 것으로 쉽게 번식할 수 있다. 또는 종자로도 번식이 가능하다.

특성

이 식물은 색이 변하는 특성을 가지고 있다. 겨울에 날이 추운 편이라면 로제트가 붉은 주황색으로 물든다.

남아프리카공화국의 희망봉 근처가 원산지인 이 가스테리아속 식물은 마치 혀처럼 생긴 진녹색 부채꼴 나뭇잎으로 이루어져 있다. 종소명인 베루코사는 거칠고 사마귀난 질감을 의미하며, 잎 표면의 특징때문에 붙여진 이름이다.

백성룡

Gasteria verrucosa

햇빛

가득한 빛을 즐기는 이 다육식물은 밝고 통풍이 잘 되는 방에서 잘 자라며,창가에서는 더욱 행복해할 것이다. 다만 하루 종일 직사광선에 노출되는 것은 잎에 피해를 줄 수 있으므로 주의하자. 충분한 햇빛은 늦여름과 초가을에 걸쳐 나타날 수있는 주황색과 빨간색 꽃의 개화를 장려한다.

물주기

물 없이도 오래 살 수 있는 백성룡은 방치에도 잘 견딘다. 하지만 특히 여름철에 일주일에 한 번 정도 가볍게 물을 준다면 고마워할 것이다. 겨울철에는 몇 주일에 한 번만 물을 줘도 무방하다. 배수가 좋고 모래가 섞인 흙에 심도록 한다.

번식하기

그냥 두어도 백성룡은 모본 밑에서 생성되는 어린묘로 자가 번식을 하여 무성히 번식한다. 그렇게 자라나도록 내버려 두거나 새로운 식물을 번식시킬 수 있다.

Tip

?

백성룡의 영명은 '소혀모양(Ox Tongue)'식물인데, '혀모양 알로에(Tongue Aloe)'나 '사마귀 알로에(Warted Aloe)'라는 별칭도 가지고 있다.

칠복수는 그 아름다운 민트빛 녹색 잎 때문에 가정용으로 인기가 높다.

칠복수

Echeveria secunda var. *glauca*

햇빛

완전 자연광이나 부분적 그늘에서 잘 자란다. 다만 물방울이 오목한 잎에 고이면 햇빛에 의한 갈변을 일으킬 수 있으므로 조심하자.

물주기

여름철에는 적당히 물을 주되 물주기 사이에 흙이 완전히 마르도록 한다. 그러나 겨울철에는 퇴비를 거의 완전히 건조시켜야 한다. 다육질의 잎이 시들지 않을 정도로만 조금씩 물을 준다.

개화시기

생장하는 여름철에 하나의 수상꽃차례에 종모양의 밝은 분홍색 꽃이 달린다. 이 꽃이 지면 로제트도 죽을 것이고 어린묘가 그 자리를 차지할 것이다.

번식하기

꺾꽂이로 번식시킬 수 있다. 로제트 기부에 난 잎을 조심스럽게 한 장 떼어내서 마른 퇴비에 올려두어 굳어지도록 한다. 뿌리를 내리기 시작하면 마른 모래 토양에 심으면 된다.

식물체는 크기가 작으며 10센티미터 정도로 자란다. 현란하고 덩어리져 자라는 이 선인장은 흰 가시와 여름철이면 피는 선명한 노란 꽃을 자랑한다. 백응환은 텍사스가 원산지이며 강렬한 햇살과 오랜 가뭄을 견디도록 진화했다.

백응환

Coryphantha sulcata

햇빛

많은 양의 직사광선이 비치는 곳에 두는 게 바람직하다. 빛이 부족하면 백응환은 활기찬 녹색을 잃어버리고 칙칙한 황갈색으로 변할 것이다. 또한 일조량을 늘리면 개화가 촉진되며 그 다음 해 꽃이 필 가능성도 높인다.

물주기

더운 여름철에는 최소한으로만 물을 주면 된다. 몇 주에 한 번 정도면 충분할 것이다. 추운 겨울철에는 단수하여 토양이 최대한 건조하게 유지되도록 한다. 선인장에 돋아난 돌기가 쪼그라들지 않을 정도로만 물을 주자. 이 선인장은 서리에 강한 편이지만 겨울철에는 비로부터 보호하기 위해 실내로 들이는 것이 권장된다. 습기에 장기간 노출되면 뿌리썩음이 발생할 수 있으며, 이는 치명적일 수 있다.

중앙 줄기가 없어 잎다육 식물로 분류되는 올리브옥은 한 쌍의 다육질 잎을 가진 낯선 형태의 식물이다. 이 다육질 잎은 지하에서 융합하고 표면의 홈을 따라 살짝 갈라진다. 식물은 작고 단추 모양이며 표면은 완전히 평평하다.

올리브옥

Lithops olivacea

물주기

집에서 키우기 쉬운 편이며 연중 대부분의 기간 동안 일주일에 한 번만 물을 주면 되지만, 해마다 돌아오는 잎갈이 철에는 특별한 관리가 필요하다. 해마다 쌍을 이루는 잎은 새로운 쌍으로 교체되며 오래된 잎은 새 잎을 둘러싸고 시들어 퇴화한다. 이 과정이 일어나려면 개화기 직후인 초겨울부터 새 잎이 육생하는 초여름까지는 흙이 완전히 마른 상태로 유지되어야 한다. 이 기간 동안 물을 준다고 치명적인 결과를 낳는 것은 아니다. 하지만 물을 주면 식물이 급속도로 생장하고 여분의 잎이 돋아날 수 있는데, 이렇게 되면 조약돌 같은 잎의 특징을 해치게 된다.

특성

자생지인 남아프리카공화국에서 땅에 옹기종기 붙어 자라는 올리브옥은 분홍빛을 띠는 갈색 조약돌로 착각하기 쉽다. 잎의 윗부분에는 창(窓)이 나 있어 땅속에 묻힌 부분에도 햇빛이 닿을 수 있게 한다.

Tip

영명은 '돌식물(Stone Plant)' 혹은 '살아있는 돌들(Living Stones)'이라는 별칭도 가지고 있다.

쥐라기를 연상시키는 외관의 만손초는 다육질의 회색빛을 띤 초록색 잎을 가진 다년생 다육식물이다. 어린묘를 무척 많이 생산하는 특성 때문에 만손(자식이 많음)초라는 이름이 붙었다. 잎의 밑면에는 갈색을 띠는 보라색 위장 무늬가 있어 밝은 녹색 윗부분과 아름다운 대조를 이룬다.

만손초

Kalanchoe laetivirens

햇빛

이 식물은 약간의 그늘과 함께 적당한 햇빛을 선호한다. 그러나 직사광선에 노출시키면 화상을 입어 손상 될 수 있다.

물주기

여름철 생장기 동안 튼튼하게 키우고 다육질 잎을 생생하게 유지하려면 충분한 물을 주어야 한다. 날이 선선해지는 계절에는 몇 주에 한 번만 물주기를 하고 뿌리 썩음을 막기 위해 물주기 사이에 흙이 완전히 마르도록 한다.

개화시기

늦겨울이나 초봄에 키가 큰 수상꽃차례에서 화려한 분홍빛 종모양 꽃을 피운다.

주의점

칼란코에속 다른 식물과 마찬가지로 개나 고양이가 섭취했을 때 유독하다.

립살리스 필로칼파는 가정에서 흔히 키울 수 있는 식물 중 하나다. 중앙에서 뻗어나오는 긴 밧줄 모양의 줄기가 특징적인데 자생지에서는 주로 다른 식물에 착생하여 자란다. 줄기를 늘어뜨릴 수 있는 공간이 충분한 행잉 바스켓에서도 잘 자랄 것이다.

립살리스 필로칼파

Rhipsalis pilocarpa

햇빛

오후에는 그늘지고 아침에는 간접 자연광을 받을 수 있는 환경에서 잘 자란다. 그러나 이 식물은 상당히 빛에 민감하기 때문에 직사광선에 노출되면 잎에 화상을 입거나 성장이 저해될 수 있다.

물주기

남미의 열대우림에 분포하는 이 정글 선인장은 정기적인 물주기를 필요로 한다. 과잉급수로 뿌리썩음을 유발하고 줄기를 약화시킬 수 있으므로 주의하자. 물주기 전에 흙 윗부분을 손가락으로 쓸어 물기가 남아있나 확인하고, 흙이 완전히 말라 있을 때만 물을 주도록 하자.

개화시기

식물이 성숙하는 가을이나 초겨울에 연한 핑크색 꽃을 피운다. 이 꽃은 며칠 정도 피어 있다가 시든다.

분심기

흙이 숨을 쉴 수 있고 식물의 뿌리썩음을 예방할 수 있도록 클레이 화분에 심는다. 클레이 화분은 또한 습기를 분산시킨다.

산세베리아는 위로 뻗으며 자라는 식물로 가죽 같은 질감에 노란색 줄무늬가 있는 녹색의 혀 모양 잎을 가지고 있다. 공기정화식물로서 최근 들어 인기가 높아진 식물이다. 이 식물은 지하에서 뻗는 땅속줄기로 번식하며 화분에 심으면 곧 잎이 빽빽하게 자라게 된다.

산세베리아

Sanseveria trifasciata

햇빛

햇빛을 좋아하는 식물로 잠깐 동안이라도 어두운 곳에 들여놓으면 즉각 광부족 반응을 보이는 것을 알 수 있을 것이다.

물주기

중부 아프리카가 원산인 이 식물은 방치에도 불구하고 잘 번성할 수 있으며 물 없이도 몇 주는 생생하다. 그러나 습도가 높으면 손상 될 수 있으므로 온실에 배치하기보다는 창문턱에 올려두는 것을 더 좋아한다.

개화시기

관리가 쉬운 편이지만 집안에서 키울 때는 거의 꽃을 피우지 않는다.

번식하기

잎이 잘라서 번식시키는 잎꽂이(엽삽)와 땅속줄기로 번식한다.

Tip

특히 과거에 다양한 용도로 사용되었는데, 그중 하나는 화살의 줄을 만드는 삼으로 알려진 질긴 식물성 섬유를 생산하는 것이다.

북미 대륙 동부에서 자생하는 천년초는 영명인 '동부가시배(Thorny Plant)'로 알려져 있다. 이 이름은 가끔 식용으로도 사용되는 큼지막한 타원형의 붉고 노란 열매에서 유래했다.

천년초

Opuntia vulgaris

햇빛

사막 선인장으로 가능하다면 완전 채광 환경에서 재배되어야 한다. 천년초가 번성하는 데 직사광선은 큰 도움이 된다.

물주기

흙의 겉표면이 메마른 것처럼 보일 때마다 한 번씩 물을 주면 된다. 대체로 봄, 여름에는 한 주에 한두 번 정도 물을 준다. 가을과 겨울에는 한 달에 한두 번 정도 물을 주도록 한다.

기르기

이 선인장은 재배하기 쉽지만 배수성이 높고 모래와 양질 사토가 섞인 흙이 필요하다. 점토가 풍부하여 습기를 잘 머금는 흙은 피한다.

번식하기

꺾꽂이로 간단히 번식시킬 수 있다. 가지를 잘라내고 단면이 마를 때까지 기다렸다가 모래 섞인 흙에 올려두면 뿌리를 내리기 시작할 것이다. 성급하게 물을 주면 썩을 수 있으므로 뿌리를 내리기 시작할 때까지 단수하도록 한다.

이 포복성 다년초인 녹영은 완두콩만한 작은 잎을 보고 알아볼 수 있다. 잎들은 늘어진 덩굴에 진주목걸이처럼 달려 있다. 아프리카 대륙 남서부의 건조한 지대가 원산으로 자생지에서는 나뭇가지에 걸쳐 있거나 덩어리져 땅을 향해 늘어진 모습으로 발견된다. 가정에서는 행잉 바스켓에 심으면 탐스럽게 매달릴 것이다.

녹영

Senecio rowleyanus

햇빛

밝은 햇빛이 들어오는 실온에서 잘 자란다. 하지만 뿌리썩음이 발생할 수 있으므로 특히 배수가 충분치 못할 경우에는 습도에 유의하자.

물주기

잎에 수분을 저장하는 능력이 탁월하므로 일주일 동안 충분히 물을 주면 그 다음 몇 주간은 물주기를 하지 않아도 된다. 다시 물을 주기 전에는 흙이 완전히 말랐음을 확인하자.

개화시기

가정에서 기를 경우 거의 꽃을 피우지 않는다. 만약 꽃이 핀다면, 희미하게 계피향이 나는 창백한 꽃을 볼 수 있을 것이다.

가지치기

덩굴이 때때로 꼬이고 지저분해질 수 있으므로 가지치기를 해줘야 할 수도 있다. 녹영을 다듬을 때는 죽은 구슬을 잘라내고 잎이 떨어진 덩굴을 제거한다. 이렇게 하면 식물이 더 풍성하고 싱그럽게 자랄 수 있다.

멕시코의 여러 지역에 자생하는 문스톤은 돌나물과의 식물로 흰 조약돌처럼 보이는 큼지막한 다육질 돌출부가 옹기종기 모여 자란다. 자기보다 큰 식물의 그늘에서 작은 관목처럼 자라는 것을 볼 수 있는데 창가를 향한 작은 화분에서도 잘 자란다.

문스톤

Pachyphytum bracteosum

햇빛

햇빛이 풍부한 환경에서 직사광선을 차단하는 부분적 그늘 아래 잘 자란다. 건조하고 메마른 환경에서 생육하는 것이 좋다.

물주기

잎에 물이 맺히면 은빛 표면에 얼룩이 생기고 썩음병을 유발할 수 있으므로 물을 줄 때 주의하자. 봄, 여름에는 일주일에 한 번 정도, 물주기 사이에 흙이 마르는 것을 확인하며 물을 준다. 겨울에는 몇 주에 한 번만 물을 주며 잎이 시들지 않을 정도로만 조금씩 물을 준다.

기르기

가장 관리하기 쉬운 다육식물에 속하며, 병에 잘 걸리지 않는다. 월장석이라는 별명이 붙은 이 식물은 이따금 죽은 잎을 제거하는 것 외에는 별도의 가지치기는 필요하지 않다.

개화시기

봄철에 이 다육식물은 로제트에서 뻗어 나온 아치형 줄기에서 장미빛 꽃봉오리를 피워낼 것이다. 충분한 햇빛이 주어지면 꽃이 더욱 선명한 색으로 나타날 것이다.

벨기에 원산이지만 영국의 시골에서 잘 자라는 파시오나타 셈페르비붐은 바위틈이나 암석 사이사이에 큼직하게 무리지어 자라기도 한다. 날씬한 잎이 활기찬 로제트를 이루고 풍부하고 다채로운 붉은색을 띠는데 가정에서 기르기에 잘 어울리는 다육식물 중 하나이다.

파시오나타 셈페르비붐

Sempervivum 'Passionata'

햇빛

셈페르비붐속 식물은 간접광에서 잘 자란다.

물주기

물은 아껴 주자. 여름에는 일주일에 한 번, 겨울에는 그보다 드물게 주면 좋다.

번식하기

파시오나타는 번식이 쉬운 편이다. 봄이나 초여름에 어린묘를 제거하고 화분 한 개에 하나씩 나누어 심어 준다. 또한 종자 번식을 할 수도 있는데, 발아에는 대개 2~6주가 소요되며 초봄에 파종해야 한다.

Tip

?

영명은 '암탉과 병아리들(Hen and Chicks)'이라는 뜻을 가지고 있다. 가장 큰 모본 로제트를 암탉, 주변에 자라난 어린묘는 병아리처럼 보이기 때문이다.

남중국에서 유래한 필레아 페페로미오이데스는 '중국동전풀(Chinese Money Plant)'이라는 뜻의 영명 말고도 '팬케이크식물(Pancake Plant)'이라는 또 다른 이름을 가지고 있는데, 이 식물의 겉모습을 보면 왜 그런 별명이 붙었는지 쉽게 알 수 있다. 한눈에 보아도 둥글넓적한 잎은 거의 비슷한 크기의 다른 식물과 멋진 대비를 이루며, 가정에서 기른다면 컬렉션의 중심적인 식물이 될 수 있을 것이다.

필레아 페페로미오이데스

Pilea peperomioides

햇빛

이 아름다운 식물은 최대 30센티미터 정도까지 자라며 그늘진 곳을 선호한다. 따라서 겨울철 창문가 같은 곳이 적합하다. 잎이 손상될 수 있으므로 직사광선을 피하도록 한다.

물주기

상대적으로 돌보기 쉬운 이 식물은 배수가 좋은 흙에서 잘 자라며, 흙이 완전히 말랐다는 것을 전제로 일주일에 한 번 정도 물을 주면 충분하다. 더운 여름철에는 조금 더 자주 물주기를 해도 무방하다.

번식하기

모본의 아랫부분에서 돋아나는 어린묘를 다수 생산한다. 이 어린묘를 떼어내서 새 화분에 옮겨심기만 하면 된다.

Tip

비교적 최근에 발견된 식물로, 1906년에 처음 발견되어 1940년대까지는 소실되었다. 이 시기에 비로소 아마추어 원예사들 사이에서 꺾꽂이를 통해 퍼졌고, 이후에야 식물학자들에게 알려지게 되었다.

페루의 아마존 지역에서 해발고도 400미터 근처에 자생하는 기선옥은 단단하고 둥근 덩어리 모양으로 자주 발견된다. 가시가 하나도 없는 개체도 있으며, 대체로 많지 않은 수의 가시가 표면에 점점이 박혀 있다.

기선옥

Matucana madisoniorum

햇빛

자생지에서는 생장이 느린 편이지만 온실에 두면 훨씬 빠르게 자란다. 다만 보기 싫은 상처를 남길 수 있는 화상에 유의하여 오랜 시간 직사광선에 노출되지 않도록 해야 한다.

물주기

마투카나속 식물은 영양이 풍부한 다공성 토양에서 잘 자란다. 물주기 사이에는 흙이 완전히 마를 때까지 기다리고, 여름에는 일주일에 한 번, 겨울에는 여름만큼 자주 줄 필요는 없다.

분심기

분갈이에는 뿌리가 화분에 가득 차기 쉽고 식물이 상대적으로 휴면하는 봄이 적기라고 할 수 있다. 신선한 흙은 새로운 생장을 촉진할 것이다. 그러나 분갈이를 하고 나면 약 2주일 간은 물을 주지 말아야 한다.

개화시기

한 번의 생장기 동안 여러 번 꽃을 피울 수 있다. 마투카나 매디소니오룸의 밝은 적색 혹은 주황색 꽃은 길이 10센티미터, 직경 3.5센티미터까지 아치형으로 자랄 수 있으며 때로 선인장의 몸체보다 훨씬 크게 자라기도 한다.

케냐의 덤불숲 원산인 산세베리아 핑귀쿨라의 나뭇잎 같은 잎은 중앙 줄기에서 부채꼴로 뻗어 나와 서로 엮인 것 같은 패턴을 이룬다. 다공성의 모래 혼합토에 심도록 한다.

산세베리아 핑귀쿨라

Sansevieria pinguicula

햇빛

대부분의 산세베리아는 다양한 조광 환경에서 생존할 수 있는데, 이 핑귀쿨라는 하루에 몇 시간 정도 간접 자연광에 노출되는 환경이 갖춰지는 한 그늘진 구석 자리에서 만큼 밝은 직사광선 아래에서도 번성할 것이다.

물주기

물을 줄 때는 흙이 완전히 말랐는지 확인한다. 산세베리아 핑귀쿨라는 뿌리썩음에 무척 취약하다. 잎의 아랫부분이 길쭉하고 매끄러우면 충분히 물을 머금고 있다는 신호이다. 그러나 물이 부족하다면 식물이 끌어올 수 있는 수분을 모두 끌어오면서 잎 밑면에 길게 홈이 패이는 것을 관찰할 수 있을 것이다. 여름철에는 일주일에 한 번 정도 물을 주고, 서늘한 겨울철에는 몇 주에 한 번 꼴로 물주기를 줄인다.

개화시기

산세베리아 핑귀쿨라는 크림색에서 연황녹색 빛깔의 꽃을 피우는데, 이 꽃들은 특별히 예쁘기로 유명하지는 않다.

돌나물과 식물에 속하는 명월은 멕시코가 원산지이며 아름다운 오렌지쿠퍼색의 다육질 잎을 자랑한다.

명월

Sedum nussbaumerianum

햇빛

그대로 두더라도 크게 자랄 수 있는 이 돌나물과 식물은 강렬한 햇살이나 극단적인 물부족도 견딜 수 있다. 집에서는 아침 햇살을 많이받는 창문 선반 위에 놓는 게 이상적이지만 오후면 약간 그늘지는 환경도 좋아할 것이다. 혹은 행잉 바스켓에 심어 옆으로 가지를 늘어뜨릴 수 있게 하면 잘 자랄 것이다.

물주기

물은 최소한으로 준다. 뿌리썩음을 방지하기 위해 흙이 항상 마른 느낌으로 하고 뿌리 주변 흙에 물이 고이지 않도록 주의하자. 여름에는 일주일에 한 번 정도 물주기하고 그 사이에는 흙이 완전히 마르도록 둔다. 휴면기에 드는 겨울철에는 잎이 시드는 것을 방지할 정도로만 물을 주면 충분하다 .

개화시기

흰 구형의 꽃을 피우지만 드물게 볼 수 있으며 꽃향기가 나는 드문 다육식물 중 하나이다.

영명으로 '거미줄 하우스릭(Cobweb Houseleek)'이라는 이름의 이 식물은 이름에서 보는 것과 같이 거미줄을 닮은 견모(絹毛)로 뒤덮여 있다. 피레네 산맥(프랑스와 스페인의 국경을 이루는 산맥)의 자생종인 거미바위솔의 거미줄 같은 견모는 자생 환경의 강렬한 더위와 매서운 서리로부터 생존하기 위해 진화한 결과이다. 로제트의 중심부로 갈수록 견모가 더 촘촘히 얽혀 있다.

거미바위솔

Sempervivum arachnoideum

햇빛

일조량이 풍부한 곳에서 가장 잘 자란다. 습도가 낮게 유지되는 한 부엌 창틀의 조그마한 화분에서도 기쁘게 자랄 것이다.

물주기

물주기는 최소한으로 유지되어야 하며 흙이 완전히 마를 때까지 기다렸다가 물을 줘야 한다. 뿌리가 표면에 상당히 근접하여 뻗으므로 손끝으로 흙 윗부분을 살짝 눌러 보아 축축한지 확인하자. 겨울철에는 물을 줄이고 여름에는 좀더 준다.

번식하기

셈퍼비범속의 다른 식물처럼 거미바위솔 역시 작게 무리지어 자라나는 어린 묘를 만든다. 이 어린묘를 떼어내서 새 화분에 심으면 번식시킬 수 있다.

찾아보기

ㅈ

ㅊ

ㅋ

건조(Arid)
건조한 토지 또는 기후는 비가 적거나 습기가 거의 없으며 종종 식물이 자라기에는 지나치게 가혹하다.

관목(Shrub)
키가 작은 나무로 대개 2미터 이하로 자라며 주동체가 없고, 진달래나 개나리 같은 식물을 말한다.

땅속줄기(Rhizome)
대개 땅속에 위치하며 지하에서 수평으로 기면서 자라난 줄기가 새로운 식물의 싹과 뿌리를 만들어내는 것을 말한다.

발아(Germination)
적절한 조건이 맞춰졌을 때 씨앗이 싹을 틔워 새 식물로 자라나는 과정이다.

총상꽃차례(Raceme)
줄기에서 돋아난 같은 길이의 더 짧은 줄기에 별개의 꽃이 매달려 중심축을 둘러싸고 꽃이 군집한 형태를 말한다.

어린묘(Pups)
모본에서 자연스럽게 생겨나는 자그마한 새 식물을 말한다. 이를 이용하여 번식을 할 수 있다.

웃자람(Spindly)
식물이 껑충하고 가느랗게 자란 상태를 말한다. 이를 방지하기 위해서는 식물이 충분한 빛을 받을 수 있게 해야 하며, 가지치기를 하여 튼튼하게 성장할 수 있게 한다.

중늑(Middle rib)
잎의 한가운데를 세로로 통하고 있는 굵은 잎맥

착생식물(Epiphytic)
착생식물은 다른 식물을 해치지 않고 부착하여 생장하며, 필요한 영양분과 수분은 대기 중의 수분과 비에서 얻는다.

수상꽃차례(Spike)
꽃대가 길게 자라서 꽃이 이삭처럼 촘촘히 붙어서 피는 형태를 말한다.

캘러스(Callus)
꺾꽂이를 위해 식물 조직을 잘라내어 절단면이 마르도록 내버려두면 곰팡이 피해를 막기 위해 손상된 조직이 딱딱하게 굳어지는 상태를 말한다.

Special thanks to

선인장과 다육식물을 구하는 데 도움을 준 모든 분들, 특히 프릭(PRICK)의 GYNELLE과 온실 아카이브(CONSERVATORY ARCHIEVES)의 JIN에게 감사를 드린다. 또한 사진 촬영을 위해 화분과 재배함을 빌려 주신 도예가들에게도 감사 인사를 전한다.

CONSERVATORY ARCHIVES
모든 식물 수집가를 위한 런던의 메카
www.conservatoryarchives.com

PRICK
선인장 애호가의 낙원
www.prickldn.com

NEW COVENT GARDEN MARKET
www.newcoventgardenmarket.com

SURREAL SUCCULENTS
www.surrealsucculents.co.uk

ELLA HOOKWAY
www.ellahookway.com

ORNAMENTAL GRACE
www.ornamentalgrace.co.uk

LOUISE MADZIA
www.louisemadzia.com

CONPOT
www.conpot.co.uk

CONCRETE JUNGLE
www.concretejungles.co.uk

HARRIETLEVY-COOPER / LAZYG LAZE
www.lazyglaze.co.uk

MELISSA GRACE FRANIE / EL-AICH DESIGNS
www.uniqueandunity.co.uk

SMUG
www.ifeelsmug.com

일람표

분류	국내 유통명	학명		영명	페이지
선인장	거취옥	*Ferocatus horridus*	패로캑터스 호리두스	Twisted Barrel Cactus	20~21
선인장	금라사	*Ancistrocactus megarhizus*	앤시스트로캑터스 메가리주스	Fishhook Cactus	58~59
선인장	금청각	*Pilosocereus azureus*	필로소세레우스 아즈레우스	Tree Cactus	86~87
선인장	기선옥	*Matucana madisoniorum*	마투카나 매디소니오룸	Matucana madisoniorum	132~133
선인장	등심환	*Mammillaria backebergiana*	맘밀라리아 바케베르기아나	Mammillaria Backebergiana	38~39
선인장	레피스미움 볼리비아눔	*Lepismium bolivianum*	레피스미움 볼리비아눔	Lepismium Bolivianum	42~43
선인장	립살리스	*Hatiora salicornioides*	하티오라 살리코르니오이데스	Bottle Cactus	44~45
선인장	립살리스 필로칼파	*Rhipsalis pilocarpa*	립살리스 필로칼파	Hairy Stemmed Rhipsalis	118~119
선인장	백도선	*Opuntia microdasys* 'Albata'	오푼티아 미크로다시스 알바타	Banny Ears Cactus	100~101
선인장	백운각, 멕시코기둥선인장	*Pachycereus marginatus*	패키세레우스 마르기나투스	Mexican Fence Post Cactus	46~47
선인장	백운금	*Oreocereus trollii*	오레오세레우스 트롤리	Old man Cactus	78~79
선인장	백응환	*Coryphantha sulcata*	코리판타 술카타	Pineaaple Cactus	112~113
선인장	벌집선인장	*Escobaria vivipara*	에스코바리아 비비파라	Beehive Cactus	28~29
선인장	생선뼈선인장	*Epiphyllum anguliger*	에피필룸 앙굴리거	Fishbone Cactus	88~89
선인장	암석사자선인장	*Cereus peruvianus* 'Monstrose'	세레우스 페루비아누스 몬스트로제	Monstrose Cactus	66~67
선인장	장군선인장	*Austrocylindropuntia sublata*	오스트로실린드로푼티아 수플라타	Eve's Pin	62~63
선인장	플로리다기둥선인장	*Cereus peruvianus* 'Florida'	세레우스 페루비아누스 플로리다	Night flowering Cactus	50~51

다육식물	거미바위솔	*Sempervivum arachnoideum*	셈페르비붐 아라크노이데움	Cobweb Houseleek	138~139
다육식물	고자	*Echeveria affinis*	에케베리아 아피니스	Green Echeveria	76~77
다육식물	꽃기린	*Euphorbia milii*	유포르비아 밀리	Crown of Thorns	98~99
다육식물	남십자성	*Crassula perforate* 'Variegate'	크라슐라 페르포라타 바리에가타	String of Battoons	30~31
다육식물	녹영	*Senecio rowleyanus*	세네시오 라울리아너스	String of Pearls	124~125
다육식물	뉘른베르크 에케베리아, 라일락 에케베리아	*Echeveria* 'Perle von Nürnberg'	에케베리아 펄 폰 뉘른베르크	Pearl of Nurnberg	74~75
다육식물	당인	*Kalanchoe thyrsiflora*	칼란코에 티르시플로라	Paddle Plant	60~61
다육식물	대운각	*Euphorbia acrurensis*	유포르비아 아크루렌시스	Desert Candle	32~33
다육식물	대화금	*Echeveria purpusorum*	에케베리아 푸르푸소룸	Echeveria Parpusorum	90~91
다육식물	러브체인	*Ceropegia woodii*	케로페지아 우디	String of Hearts	68~69
다육식물	만손초	*Kalanchoe laetivirens*	칼란코에 래티비렌스	Mother of Thousands	116~117
다육식물	명월	*Sedum nussbaumerianum*	세둠 누스바우메리아눔	Coppertone Sedum	136~137

쉽게 키우는
선인장과 다육식물

초판 1쇄 2019년 01월 25일

글 엠마 시블리
감수 하순혜 **옮긴이** 김유라

발행인 전재국
대표 정의선
편집 김주현, 성스레 **디자인** 한아름
마케팅 사공성, 강승덕, 황재아 **제작** 이기성

발행처 북커스
출판등록 2018년 5월 16일 제406-2018-000054호
주소 경기도 파주시 문발로 171 (문발동, 북씨티)
전화 영업 031-955-6980 편집 031-955-6980
팩스 영업 031-955-6988 편집 031-955-6979

값 15,000원
ISBN 979-11-964319-4-5-14520
979-11-964319-3-8 (전2권)

감수 하순혜
경성대학교 이과대학 생물학과 식물학전공 박사를 받았고, 현재 경성대학교 화학생명과학부 초빙교수, 부산대학교 원예생명과학과 강사를 역임하고 있다. 저서로는『한국화재식물도감』,『허브도감』,『다육식물도감』,『식충식물도감』등이 있다.

옮긴이 김유라
비교문학을 전공하고 번역가로 활동중이다. 옮긴 책으로『코끼리 가면』(2018),『커피딕셔너리』(2018),『크래프트브루』(2018)가 있다. 30년 된 크로톤과 불로불사의 영약으로 추정되는 아라비아자스민을 거느리고 아시아 최고의 고양이와 살고 있다.